MAN
— VS. —
CHILD

One Dad's Guide to the Weirdness of Parenting

男人与孩子的对决

一场大约 10 万字的育儿脱口秀

[美] 道格·莫◎著　　[美] 乔丹·伊万◎绘图　　张晓琳◎译

北京日报出版社

图书在版编目（CIP）数据

男人与孩子的对决 /（美）道格·莫著；（美）乔丹·
伊万绘图；张晓琳译. — 北京：北京日报出版社，
2019.8
ISBN 978-7-5477-3344-8

Ⅰ.①男… Ⅱ.①道… ②乔… ③张… Ⅲ.①婴幼儿
—哺育②婴幼儿—家庭教育 Ⅳ.①TS976.31②G781

中国版本图书馆 CIP 数据核字（2019）第 123122 号

北京版权保护中心外国图书合同登记号：01-2019-3379

Copyright © 2017 Doug Moe
Illustration copyright © 2017 Jordan Awan
First published in the English language in 2017
by Abrams Image an imprint of Harry N. Abrams Incorporated, New York/
ORIGINAL ENGLISH TITLE: Man vs. Child: One Dad's Guide to the Weirdness of
Parenting

男人与孩子的对决

出版发行：北京日报出版社
地　　址：北京市东城区东单三条 8-16 号东方广场东配楼四层
邮　　编：100005
电　　话：发行部：（010）65255876
　　　　　总编室：（010）65252135
印　　刷：北京荣泰印刷有限公司
经　　销：各地新华书店
版　　次：2019 年 8 月第 1 版
　　　　　2019 年 8 月第 1 次印刷
开　　本：700 毫米×930 毫米 1/16
印　　张：10
字　　数：114 千字
定　　价：48.00 元

目　录

恭喜你

你正在找一本教你怎么当爸爸的育儿书，比如怎么哄孩子睡觉，怎么给孩子喂奶，怎么给孩子讲道理。于是你就拿起了现在手上的这本：《男人与孩子的对决》。

首先，恭喜你成为了一名爸爸。其次，恭喜你买到了这本书。《男人与孩子的对决》分享了做爸爸会遇到 哪些荒诞可笑的经历：从欢乐无限的孕前生活开始一直到你的孩子上学，学会顶嘴、吐槽。这本书会陪你度过各种艰难时期。

这本育儿指南就是专门写给像你一样聪明有趣却担心被育儿搞懵的爸爸们的。

这个时代要求我们做新好爸爸，既要多多参与，又要时刻情感在线，可就是没有人教我们具体怎么做。传统爸爸可以学《广告狂人》里的唐·德雷柏：从外地寄点钱回家给妻子和孩子，基本敷衍过去就行了。而新好爸爸要会给宝宝穿衣服、烤蛋糕、换尿不湿，吃喝拉撒都要应对自如。如果你是新手爸爸，那你就得找本实用的育儿书，给你讲讲实战经验，关键是让你知道，你并没有输给小家伙们，你依然宝刀未老！

当然，我不会自诩高屋建瓴，也不会把这本书说成像电脑操作指南似的，想着法儿哄你学做爸爸。另外，我可能不会提供很多医学建议。

你只需要知道：买这本书你就买对了。

我是谁？

我叫道格·莫，是一名纽约正直公民剧院的喜剧演员，长期担任老师和演员的工作。我住在布鲁克林，这里是手工蛋黄酱和胡子复兴的摇篮。

2006 年我晋级当爸。（各位都知道是怎么回事了吧？就不用我多说了。）大家都知道，做演员 / 喜剧演员 / 作家勉强才能糊口，所以我就兼顾着在家里带孩子，当起了所谓的兼职奶爸。我开始在网上撰写一些好玩有趣的文章，包括我自己的博客，标题就叫"男人与孩子的对决"，最后就演变成了这本书。

基本上我算是个完美的老爸，我女儿很完美，所有的一切都很完美。

现在你大可以品尝我分享的完美果实了。

好吧，这么说可能有点夸张了。实际上，我可能根本不知道自己在做什么。也可能是因为我很幸运，育儿路上有位超赞的老婆帮我扶我。估计我也犯了不少错，但做对的也不少，所以才能把女儿养活到现在 10 岁大，她也还好，只是隔三岔五对我吼，说我毁了她的人生。

其实，我明白还有很多东西我都不了解。因为我家的是个女儿，所以我还没碰到过我朋友儿子"拿两个玩具对砸，不破不罢休"的情况。当然，我小的时候也用榔头砸坏过不少风火轮汽车玩具，所以对此还是略懂一二的。另外，我也十分幸运，娶了位能干的老婆，包揽了大半的育儿工作，也多亏她，整个家才能正常运转。

我只想说：朋友，我是过来人。

谁需要买这本书？

★ 准爸爸

★ 准妈妈

★ 为准爸爸们担心的妹夫和小舅子

★ 岳母、婆婆、姑子、小姨、未来姐夫、妹夫……基本所有的姻
  亲系

★ 还有你。

第 一 章

男人
与
生活

育前欢乐无限却无意义的生活

"我为什么会在这儿？"

当你和朋友正在开怀畅饮，愉快地享用早午餐时，一个问题冒了出来："我为什么会在这儿？"

当你正对着美味的佛罗伦萨鸡蛋狼吞虎咽时，又一个问题冒了出来："这一切是为了什么？"自从人类不再洞壁涂鸦，就一直在思考这个重大的问题，思量关于工作/生活平衡的问题。

"我的使命是什么？"一个让人肝儿颤的问题。你有大把的自由时间，可是你要这些时间干什么呢？你都做了些什么？要么看电视，要么收集漫画来消磨时间。要不就是睡懒觉，浪费时间。

★ 如果我拿走你消夜的香辣鸡翅，来告诉你生命的意义，你愿意吗？

★ 如果我占据了你的自由时间，来赋予你更崇高的使命，你愿意吗？

★ 如果我扰了你的清静安宁，来送给你周而复始的欢笑与哭闹，你愿意吗？

这就是当爸爸的生活。它给予了你生命的意义和使命，让你的生活充满了一会儿笑，一会儿哭，一会儿闹，一会儿又笑的乐趣。这些你且拿走，不谢。

做不了伟大的吉他手，你可以做个好爸爸

现在到了你这个年纪，想必已经有过很多失败的经历了。你清楚自己永远也不可能成为伟大的吉他手或者职业玩家。但你可以做个好爸爸，这难道不是任何一个职业都无法企及的崇高吗？不比玩游戏更有意义吗？你曾经痴迷于朋友圈上别人给你点赞，为此几近疯狂，而现在你完全可以将这份热情投入到孩子身上。

要孩子的理由

最主要的原因是，孩子至少会在一段时间内真心地喜欢你，爱你，给你拥抱，给你写暖心的话，亲你，疼你。

有了孩子你会变成更好的自己。我真的这样认为。一个朋友曾对我说，有孩子之前，你或许会觉得自己心中有爱，而有了孩子之后，你会打开另一间充满爱的心房，那是连你自己都浑然不觉的地方。就像做了一个奇妙的梦，你梦见你在家里发现了一间被自己遗忘的房间。而不是梦见你的脑袋变成了大香肠，却没人告诉你。

那么，你准备好要宝宝了吗？还没有？好吧，我们来一点一点突破这个问题。首先，"宝宝"是什么样的？

"宝宝是什么样的？"

谁不知道宝宝是什么样的，这不是废话吗？

好吧，我知道了，你不是个"宝宝控"。很多好爸爸一开始也不是

"宝宝控"，所以你还是有希望的。

你或许觉得宝宝随处可见，可你从来没有认真地想过他们到底是什么样的。其实没有孩子之前，我也是如此。那么"宝宝"是什么样的呢？在这本书里，你肯定能找到答案。

其实，宝宝就是"小人儿"。而有个秘密在有孩子之前没人会告诉你：宝宝和宝宝也是不一样的。

大吃一惊了吧？确实是这样的。简单点来说，宝宝可以分为以下几类：

★ 新生宝宝：这个时期的宝宝非常小，你一看就会觉得："哇，这么小的宝宝。"

★ 标准宝宝：这个时候的宝宝就是人们心目中典型的宝宝，不大不小，不会走路，不会说话。样子看起来也像极了宝宝，要么端着奶瓶喝奶，要么往地板上扔东西。

★ 酷宝宝：这个阶段的宝宝已经有了很多的性格特征，时常会让人感叹：宝宝真酷！我把这个时期的宝宝也叫"有趣的宝宝"。

★ 暴躁的宝宝：很多时候是指低龄宝宝。他们会走路了吧？是不是有点儿讨人厌？这十有八九就是学步时期。

★ 大宝宝：这个时期的宝宝更像是个小土匪，而不像个宝宝。

好了，现在你已经了解了宝宝是什么样的，你可以问问自己：你准备好要宝宝了吗？

你准备好要宝宝了吗？

没有。其实你问错了问题。你应该这样问：

"你究竟能不能准备好要宝宝？"

如果你和我一样，那要宝宝前就要先做大量的工作，比如：

★ 成功

★ 成熟

★ 有钱

★ 至少制订一套计划

★ 有足够的空间——而我们家就挤在一间卧室！

★ 做好充足的心理准备，迎接宝宝的到来

其实，我们过分强调了准备好的重要性，我们可能永远都准备不好。

我是不是得先成熟起来？

答案依然是不需要。

身为人父，我悟出一句至理名言：成年人不一定成熟。

也就是说，你可以是生理发育完全的成年人，但不一定成熟。成熟的人非常认真。他们深深地融入这个世界，自信、完整。在你小的时候，大多数成年人都看似成熟，尤其是爸爸。

但随着你慢慢长大成人，你会发现你认识的多数成年人都不成熟。他们根本不知道自己在做什么。上高中时常常欺负别人的小霸王最后成了小镇警察。以前常偷吃你的零食，疯疯癫癫的大学室友后来变成了大牌电视制片人。可他们一点也没变。

事实上，每个人都在装腔作势，尤其是那些自以为成熟的人。其实他们并不是真正的成熟。

不过我有个好消息：你也可以像他们一样做个大骗子！如果你要为人父母，你必须这样。所以呢，你不成熟，你也没"准备好"要宝宝。大家彼此彼此。

我是不是该先养条狗？

一般人都会这么想：要宝宝之前我应该先养条狗。这样的话我会慢慢学着去关心别人。先养狗这个想法确实不错。不过，你不能直接跳到养狗这个阶段。

合理的顺序应当是：

1. 花草

2. 放钥匙的小碗，防止你丢钥匙

3. 鱼

4. 新的花草（之前的死了）

5. 猫（可选）

6. 再养一只猫，好给第一只猫做个伴

7. 再养一只猫（别问为什么）

8. 狗

9. 宝宝

养狗和养孩子是一回事吗？

养狗可以为养孩子提供很好的练习！如今养狗和养孩子是有史以来最为相像的时代。小狗越来越像宝宝。他们都：

★ 有人名

★ 有可爱的衣服

★ 有婴儿车

宝宝也越来越像小狗：

★ 狗有人名了，所以，重名。

★ 想带他们去餐馆，会遭冷遇。

★ 大概能有 13 年的好日子，或多或少吧！

不，养狗和养孩子不是一回事

虽然他们有以上相似之处，但我保证，养孩子和养狗绝不是一回事，不管你的亲戚朋友是不是这么认为。

狗不会：

★ 要钱

★ 讨厌你讲的笑话

★ 爱你，容忍你，讨厌你，爱你

宝宝不会：

★ 舔完别的宝宝的屁股，然后再舔你。

★ 没事一通子乱吠，即使你不停地喊"别叫了！"也没用。

★ 刨土，满地打滚，洗个澡费半天劲。嗯，也许不会吧。

所以呢，先养狗自然好。它可以让你学会去关爱别人，会帮你练习定时喂饭。而且，狗还可以做你宝宝的好伙伴，发挥恐吓、维护权威的作用，直到你们家老二出生。

第 二 章

男人
与
妊娠

不可思议的奇妙感觉

妊娠与分娩：哇！

妊娠对你和你的妻子而言，是一段无比奇妙和令人激动的经历。我妻子怀孕那会儿，我们第一次认认真真地做了计划。

几年前，我们和很多人一样，筹划过一场最美的婚礼。但那更像是一场演出，而不像规划属于我们两个人的新的人生。那时候我们会觉得选杯型蛋糕还是婚礼蛋糕是天大的事，但现在回想起来，和养孩子相比那实在是微不足道。首先，宝宝不是踩着红毯翩翩而来的。

养宝宝需要做更多更细的规划。当时我们从计划到实施都做了大量的准备工作。我们要继续住在四楼的无电梯一室公寓吗？怎么才能存些钱？我们给孩子起个什么名字？我们应该把婴儿床放在哪儿好？

不过，做这些规划时我们非常激动。

但妻子怀孕后身体上的变化是实实在在的，所以很多事情就不会再空谈理论了。你的伴侣会感到不适，她的身体会不断变化，她的肚子可以感觉到宝宝的手肘，这些都会让你打起十二分的精神。

听起来很不可思议吧？你大概需要几个月的时间全心投入，赶紧的吧！

作为非孕人士的男人

其他书上会从医学角度将怀孕分为几个阶段，什么孕早期这、孕中期那。但如果你想知道这些对于作为旁观者的你意味着什么，请参阅下面简要的小结。

怀孕的不同阶段（观察身边朋友得出）

1. 可能怀孕，可能没怀孕。

2. 怀孕了，但半信半疑。

3. 怀孕了，但保密不公开。

4. 怀孕了，略显臃肿。

5. 确定怀孕后，告诉全世界！典型孕肚出现。

6. 超大孕肚，感觉肚子不可能再大了。

7. 难以置信，感觉肚子有两个西瓜那么大。

8. 宝宝。

有些事你无法感受得到的

显然，怀孕的事不止上面这些，但有些感受可能会是你妻子的专属体验。比如说：宝宝在她身体里生长，宝宝从她的身体里生出来，哺乳，等等。即使是最富同理心，几乎有假性妊娠反应的准爸爸们也只能通过他人的描述感受这段离奇的胎儿生长历程。

做个超级搭档

这不是说你就毫无用处。有些爸爸会因为自己是旁观者而为不全心参与找借口。可我想，如果你要做新好爸爸，就应该尽自己的全力去参与和帮忙，做一个超级搭档——就像蝙蝠侠离不开罗宾一样。

超级搭档的作用不可小觑。下面这些你都可以帮忙完成：

★ 按照烦人的安装说明把婴儿床组装好，这种重活可不适合孕妇做。

★ 粉刷一下婴儿房，但是要选择最环保安全的油漆才行。

★ 陪妻子去产检。

★ 从其他更权威的书籍上研习妊娠资料。

　　当然，罗宾的主要工作是帮蝙蝠侠打架，打大反派小丑，给蝙蝠侠的战车加油。但我敢打赌，蝙蝠侠之所以把他留在身边，也是为了享受舒服的足底按摩。超级搭档的任务就是需要什么就做什么。

产前辅导课：重新感受身体

　　也许你要比我见多识广，因为产前辅导课是我生平第一次和一群大老爷们儿坐在一起抚摸老婆的肚子。

　　产前辅导课会让你对人的身体有全新的认识。随着年龄的增长，我们慢慢能感觉到身体的奇怪变化，然而这些和妊娠完全不在同一个层面上。在产前辅导课上，你要通过产道直接感受身体的奇妙。

妊娠的妙处

许多人回想起孕期的种种都会满怀深情。孕期确实有一些令人难忘的妙处：

★ 你老婆脸上会散发出"孕妇的光芒"，除了"晨吐泛绿光"的时候之外。

★ 和基本没心情听你废话的人待在一起还挺有趣的。

★ 看到有东西在别人肚皮里动来动去挺神奇，只要不是外星人什么的就好。

★ 睡觉的时候你终于有机会当大汤匙了①。

★ 证明你的宝宝会游泳，可要因为这个得意就太傻气了。

★ 你终于可以对着老婆肚子说话，不用担心她会生气。

★ 你会因为陪老婆吃很多三明治而体重增加。

---

① 从背后环抱的睡姿在英文中称为 spoon，也就是汤匙的意思。被环抱的人称为 small spoon，即小汤匙，在外环抱的人称为 big spoon，即大汤匙。——译者注

市面上有很多不同类型的产前课，你很可能会上那种后嬉皮式的产前教育课。这种课会给你提供很多有用的信息，好让你对可怕的分娩过程有更多的掌控感。

上这些课绝对有用，也算是临时抱佛脚，帮助你了解分娩镇痛、宫口扩张和宫缩等概念。到时候你会学到很多关于分娩的专业词汇，还有分娩方式，也要制订出一套"分娩计划"。

分娩计划指的就是你和你老婆想采用哪种方式分娩，以后你还要制订很多类似的计划：这些都是听起来不错的理论，可基本上一遇到麻烦就掉链子。

按摩直到自然分娩

现如今，大家的目标都是"自然分娩"。原因是产妇们想要清醒地"出场"，也希望用药越少越好。为了实现这个目标，你就要学会一系列的按摩技法，据说有替代镇痛药的功效。不过大部分孕妇一旦尝到了镇痛药的甜头，就决不会嚷着说"少来点镇痛药"吧。

将来你也要学着指导你老婆呼吸：深呼吸，数数，还有别带"怪腔怪调"。

你还要学习在分娩的时候给她支持——主要就是闪一边去——还有就是别忘了带上她的"应急包"，里面装上她想带进产房的东西。

八字胡与分娩

我们上产前课时，看过介绍世界各地不同文化背景下的分娩视频。每个地方分娩的基本过程大致都一样。但对待分娩的态度和分娩方式却天差地别。比如说有一幕，瑞典人分娩前还在商场转悠，只在临产前几分钟吃个瑞典肉桂卷。还有一个场景，一位非洲的孕妇正剥着一种奇奇怪怪的玉米，突然停下来蹲在地上就生孩子了。

这些视频的主旨是赞美生命的奇妙，而不是让你嘲笑人家的穿衣打扮。分娩视频貌似到 1986 年左右就停拍了，所以视频里有很多人都穿着浅色运动衫，留着浓密的八字胡。这些是我很长时间以来看到过最奇怪的非色情裸体视频，可我老婆不让我拿她们开涮。

还有一点很重要，你要学会在其他男人面前表现出对你老婆和未出生宝宝的款款深情，要呵护备至。这样做肯定会显得婆婆妈妈，没什么男子汉气概，除非你觉得陪老婆深呼吸，给老婆足底按摩也很爷们儿。不过你得明白：要孩子会付出很大的代价，看起来是不会潇洒有型的——欢迎登上这只"贼船"。

对于老婆的情绪波动，你最好还是闭嘴

议论你老婆的情绪波动不会有什么好处的，所以你还是在恐惧中默默忍受吧。

你有没有抓狂过？有过，那好，你老婆的感觉比你强烈百倍，她是真的要抓狂。

那么，你就闭嘴别说话。

你老婆是魔法师

你的老婆正在不断改变，她现在就好像是位魔法师，而她老公依然还只是一个观众。你在靠近这位法力无边的魔法师的时候，要谦卑谨慎。

你要是问她愚蠢的问题，她会发火的。在魔法师面前，你最好放尊重点。

我们这位魔法师呢，有点喜怒无常。可你千万不要对她说："你喜怒无常。"魔法师她自己知道，可她才不管呢。

和魔法师不同的是，孕妇的法力是有科学依据的。荷尔蒙、不适感，还有一个问题，就是把另一个人装进自己的身体里，这些都是她法力的根源。

男人无法理解

荷尔蒙正在你老婆的体内不停地奔流，而我们男人对此永远无法理解。你还记得你刚刷完牙后咬了口奇怪的腌黄瓜吗？我猜就是这种感觉。或者就像你一边打喷嚏一边打嗝。明白了吧？那种感觉我们永远都不会了解。

妊娠是一个非常神秘的过程，很不可思议，完全在你的掌控之外。除非人类未来能够改变由女人怀孕这件事，否则，我们男人是用不着挺着肚子怀宝宝的。我看我们还是少聊这个话题，免得让女人们有别的什么想法。

照顾魔法师

在魔法师喜怒无常的这段日子里要学着照顾好她，这是一种有效的演习，好迎接更喜怒无常的生物：宝宝。

所以呢，现在先去关爱那位魔法师吧，给她做足底按摩，为她做饭，满足她的要求。帮她调配药水，清理打扫，态度友好一点。毕竟谁也不想被变成一只癞蛤蟆。

现在的爸爸是什么样？

以前当爸爸很容易：上班，回家，喝酒，在壁炉前打盹儿，时不时给一两条建议，签个支票就好。坐在主座上，慢条斯理地谈论一番时事，再接着喝酒打瞌睡。

我看过用老牌超8摄像机拍的三代父亲的形象对比。第一位是我的曾祖父：不苟言笑，十分严厉，沉默寡言。他好像没搞清楚是在拍视频影像还是在拍照，反正一副很不高兴的样子。接着是我的祖父：他为人和善，但总是一本正经。记得有一次我弟弟给他听随身听里的说唱歌曲，他才放松下来，问："这家伙在尖叫什么？"

接下来这位：我父亲年轻时准备去上大学的样子，乐呵呵得有点傻气。他现在还是这个样子，热心，滑稽，但他从来不是那种追着孩子玩喷水的类型；我父亲那一代的很多人，都介乎于传统严父和新式爸爸之间。但我非常欣赏他一直在努力。小时候我父母离异，所以他在每隔一周的周末开车来接我们都显得有些费劲。

每一代人都想纠正和改善上一代人的错误，但成效有限。那么你呢？你父亲冷漠吗？他酗酒吗？还是一言不合就暴跳如雷？他经常出差吗？他有没有很偏激的政治观点？他会不会无所事事看电视消磨时间？而你打算怎么改善呢？

爸爸哪里比妈妈差？

我们都知道妈妈是什么样的。妈妈会亲吻孩子的伤口，抚抱、拥抱和培育孩子。现在的妈妈有全职工作，还要洗衣做饭，基本上可以说是兵来将挡，十分勇猛。

现在的爸爸是这样的吗？他会亲吻孩子的伤口，抚抱、拥抱和培育孩子吗？他上班，但他洗衣做饭吗？会干别的麻烦事吗？

是不是因为这样，爸爸就比妈妈差呢？

爸爸会捉弄你，让你打起精神。他会爱你，是那种坚强的爱。他会安慰你，告诉你"撑下去"。

人们对妈妈的要求总是很多，所以最后她们难免会让人有些失望。换爸爸登场：如果我们陪孩子扔几个球，或者提前下班去看孩子的校园表演，好像一下子就变成了英雄。世世代代爸爸们的形象一直是疏远的，置身事外，致使我们降低了对爸爸的期望。当然，这种双重标准非常糟，可这糟糕的双重标准对我们很有利。

你想做哪一种爸爸？

从来没有比现在更好、更自由的爸爸时代了。如果你可以摆脱掉传统大男子主义的束缚，从冷漠、缺乏温情、无趣中走出来，广阔的世界将向你敞开。这条路会更艰辛，但也会有更多的收获：只要你能勇敢地站出来，参与孩子的成长，你将拥有更开放的人生。

当然，如果你受了太多陈旧思想的影响，觉得教育和陪伴孩子是妈妈的事情，当你想玩手机的时候，只需要说句你累了就行。孩子哭闹的时候，你一脸窘迫，然后把他交给孩子他妈，这样自然容易得多。但这样做不会给你加分。

你有 18 年的时间可以越做越好

不得不承认：女人很神奇。我们男人想要做好育儿工作得付出两倍的努力。快崩溃了吧？但起码我们可以聊一聊，而不是像我们父亲那样把恐惧深藏在心里。你可能会时不时地出乱子，但你必须这样才能越做越好。至少 10 年之内孩子还是会听你的话，好一点的话，18 年也是有可能的。现在就挺身而出吧!

婴儿用品业

开始准备的时候，你要买很多的婴儿用品。但市面上有很多都是没什么实用价值的，而不断膨胀的婴儿用品业正好利用你的恐惧拿你开刀。我女儿长大后会不会嫌我没给她用热的湿巾纸而埋怨我? 最好还是买一台湿巾纸加热器，以防万一。如何确定哪些是你真正需要的呢?

你其实什么也不需要

我是说，你不妨好好想一想，地球上有些地方的人就把新生儿往篮子什么里面一扔就好。如果孩子需要喂奶，他们在村里随便找个女人即可。哦，对了，他们还养宠物老虎。我知道你心里怎么想的：真牛。只可惜，我们的现实生活不是这样的。首先，养宠物老虎就不切实际，他们脱毛太严重。

那么你怎么决定什么要买，什么不用买呢? 有人写了一整本书都在枯燥地介绍哪些是"必需"婴儿用品。作为吝啬鬼又喜欢好东西的我，可以给你出一些点子，省得你花太多钱买婴儿用品。

婴儿房：别让你的精致品味害了你

你的孩子从来没有用过 Pinterest①，她不会在意什么名品婴儿家具。即使等她长大有了自己的想法，她也可能会喜欢上面印着朵拉②的玩具。所以你在追求你的梦想婴儿房时，切记以下几点：

★ 婴儿床：首先，花钱买婴儿床是可以的，但是要选择环保安全的品牌。

★ 婴儿床垫：我个人认为价值不是很大。

★ 尿布桶：当心这个专利产品，它就是美化了的垃圾桶。有些还只能用特定且昂贵的垃圾袋。每家都承诺可以祛除异味，结果没一个信守承诺的。

其他购买陷阱

★ 奶瓶：育儿圈里有两种强烈的观点：用玻璃奶瓶还是不含 BPA 的塑料奶瓶？你最好按照普遍的奶瓶用例使用。瓶子、奶嘴、所有的配件都不能互换使用。

★ 婴儿车座：有些婴儿车座很豪华，但所有的婴儿车座都必须符合安全标准，所以，你的购买标准只是选择宝宝吐奶后你想清洗哪一种面料。

★ 尿不湿：尿不湿是巨大的费用支出。宝宝们都是炼金术士，会将你的金子变成尿不湿。所以推荐大家选择性价比比较好的一些品牌来使用。

★ 婴儿全件套：别的不多说，你只需要记住一点，宝宝长得快，这些东

① Pinterest 是一家基于兴趣的图片社交平台，用户可以把自己感兴趣的照片用图钉钉在钉板（PinBoard）上展示与分享，方便其他用户保存和参考。——译者注

② 朵拉：美国动画片《爱探险的朵拉》的主人公，一个可爱活泼、聪明勇敢的 7 岁小女孩。——译者注

西很快就都穿不上了。

实用品笔记

★ **婴儿车**：好的婴儿车都是根据不同的用途定制的：你是想推它去坐地
   铁、带它慢跑，还是想每天把它塞到你的后备厢里？这可能就需要三
   款不同的婴儿车。

★ **婴儿背带**：宝宝不喜欢被放下，所以买一些婴儿背带用品可以让你腾
   出手来吃块面包，或玩会儿电子游戏。另外，你把宝宝绑在胸前上街
   去逛逛，那样子会可爱到爆。

★ **吸乳器**：你老婆觉得哪款用起来最舒服就买哪款，然后默默庆幸这部
   分没你什么事。

别人送的好东西

一般人都喜欢给小宝宝买东西，所以你会收到一些很牛的礼物。不
过送礼的人都会依据自己的意愿或品味买一些他们认为你会喜欢的东西，
丝毫不理会你给他们开的清单，这点很烦人。

你会收到：

★ 印着性别专属标语的婴儿服，比如"我的小公主"或"猛汉爱玩
   枪"——看着实在让人反胃。

★ 卖相不错的书，据说书的美术设计师曾出版过童书。

★ 好看不实用的废品，比如婴儿运动鞋。

★ 你妈妈为你保留的，而你又不喜欢的废旧物品，比如，稀奇古怪的毯
   子，上个世纪30年代的婴儿鞋。

给宝宝取个好名字

宝宝出生前，你必须想出个好名字，千万别搞砸了。你最近一次取名是给什么？你的 Wi-Fi 用户名？你的社交软件用户名？这次最好别出错：名字基本就代表了孩子的未来，一切都蕴含在名字里。

取一个独一无二的名字

给孩子取一个独一无二的名字，这种想法很老套。叫小红或小明怎么了？几百年来，人们还不是看到什么就给孩子取个什么名字：板凳或者铁蛋有什么不好吗？

可话又说回来，害怕老套才是最迂腐的。当你听到一个非常棒，很独特的名字时，你不会羡慕吗？可问题是，取个好名字难度很大，未来趋势很难预料。可能你绞尽脑针取了一个独特的名字，但是你将来也许会发现，你女儿幼儿园里有四个女孩儿都叫胖丫。

男孩取女名，女孩取男名

你若遇到一个名叫刚子的女孩，感觉肯定很不错吧？或者男孩叫红红？要是能摆脱历史对性别的桎梏，那该有多么的耳目一新啊！你老板叫强子，却是个女的，感觉一定很有趣吧？或者男服务员叫丽丽？

什么时候去医院？先别急！

在电影里，女人破水后常常大喊："亲爱的，我马上就要生了！"她开始深呼吸，男人抓起包扔进车里，接着倒车，哎呀，这个大笨蛋差点忘了他老婆了！唉。倒车，带上老婆，然后冲进医院，老婆开始阵痛，然后换一个镜头……宝宝出生了！

事实往往不是这么一回事，对吧？你最好还是提前赶到医院，别到时候来不及。不过话又说回来，你老婆总会提前四个小时赶到机场，然后你们就只能坐在那儿盯着"免税"的标识看。

说实话，该什么时候去医院介于这两者之间，大致可以概括为：再晚点儿。是的，再晚点儿！

大部分的头胎分娩都要花很长时间。先是宫缩，接着变成有规律的宫缩，然后打电话给你的医生，他们会让你过一个小时后再打。你等了一会儿（心想他们是不是疯了？），然后再打电话，他们会说你们还早着呢（他们没喝醉吧？）。这时，你就会一边骂着脏话，一边盘算着赶紧去医院。

一旦到了医院，你就要一直等。在医院可能不会有电影里坐着轮椅急急匆匆的场面，也不会有疾言厉色、刀子嘴豆腐心的护士对你大喊。现实的画风是："我们看会儿电视什么的吧……"

我不知道你是否能做到不过早去医院。如果这是你的第一个宝宝，你可能已经迫不及待地想赶紧完事。但看到医护人员对你们的焦急视若无睹，心里着实受刺激。他们对马上要见证的这个奇迹完全无动于衷。难道他们不知道这对你的生活会有多么大的影响？只可惜，以后你和你家宝宝不是焦点的情况还多着呢！

我的亲身经历：
无聊的宝宝出生记

我差一点跳过了分娩这一段，可感觉这么做不对。这可能是你经历过最激动人心，但又有些无聊的事情。

如果你不相信我，不妨问问其他人，多的是对他们无聊的宝宝出生记津津乐道的家长。我宁愿听别人给我讲因为堵车，他们走了别的路线到我家，或者打印机为什么卡住了的故事。好了，我还是讲讲吧，不过阅读这段文字的时候请勿驾驶或操作重型机械。

我们奇妙的宝宝出生记

我们匆匆赶到医院，以为我老婆很快就要生了，然而我们去得太早了，我老婆宫缩很痛苦，所以我马马虎虎地为她按摩了一会儿，最后他们给她用了一些药。然后我们看了一会儿电视，后来她感觉越来越疼，就继续用药，让她多多用力，可我老婆并不怎么喜欢我狂拽炫酷的混音CD（奇怪！）。然后就一直让她用力，但宝宝就是不愿意出来，所以只能采用剖宫产（计划之外！）。哦，天哪！宝宝出生了！

测试：你需要请一位分娩摄影师吗？

很多人都会聘请一位分娩摄影师来记录这个特殊的日子。你也需要吗？

★ 你最近一次在朋友圈上给宝宝出生照片点赞是什么时候？

★ 你老婆喜欢把她拍得难看的照片吗？

★ 你最私密的时刻是什么时候？你会因为当时没有旁人在场而感到遗憾吗？

★ 你喜欢你婚礼上那个烦人的摄影师吗？

★ 你是不是朋友太多，想疏远几个？

★ 你认为所有的事情都应该去尝试突破，还是只有重要的事情才应该去突破？

以上问题如果你有一个或更多的肯定答案，那说明你还真是懂测试！

明白了吧？总而言之，分娩是件紧张、匪夷所思的重大事件，是你和妻子感受亲昵的时刻。过程很可怕，也有点无聊。不过真正的工作就要开始了：育儿。

你有汽车座椅吗？好了：宝宝来了

把宝宝抱出院的条件少得吓人。在做了那么多准备工作和等待之后，貌似你需要的只是一套汽车座椅，能载宝宝回家就行。

的确如此。他们会检查一下你的腕带，确保你没有换一个漂亮的宝宝抱走，再确认一下你有没有汽车座椅。再然后就是："再见！"

要宝宝的必备条件

没有条件。没有人会问：

★ 你未来几年都有什么计划？

★ 你以前有没有抱过宝宝超过 5 分钟？

★ 你准备好了吗？

大家都在尽力，只是结果不尽如人意

其实你仔细想一想，这样很合理，你回想一下那些糟糕的父母就知道了。那其余的父母都知道自己在做什么？

这问题问得真刺耳，或者我该说刺耳且励志？

好了，现在你有了孩子，也该从讨厌那些当父母的阶段升级到同情他们了。其实，大多数人都是在他们特有的环境中尽自己最大的努力。事实上，可能只有 40% 的家长是真的糟糕。

所以，以后当你见到一个不会带孩子的爸爸，试着体谅一下。毕竟，这不是他的错。因为当初他只需要有一套汽车座椅就可以带走宝宝了。

第 三 章

男人与新生宝宝

先保住这个奇怪生物的小命吧

新生宝宝：艰难的日子

我老婆和我是我们朋友圈里最早要孩子的一对。我们想尽了各种办法和她待在一起，既然带出去行不通，我们就邀请还没有孩子的朋友到家里来，方便照看这位"女高音"。就像正常人家一样！瞧瞧我们：再放松不过的两个人，和以前没什么区别，除了这个宝宝！

可这个时候我女儿还在最"闹"的阶段。如果你有一个大哭大叫的新生宝宝，你就会改用"闹"这个词。你不会说她"嚎"或"让人发疯地哭"。你会说这是"闹"。

刚开始一切都非常美妙：我们家宝宝多可爱啊！在别人眼里，我们两人是从容到不可思议的父母，可能还有点英雄的意味：他们怎么还是那么时尚？

然而，不一会儿我女儿就开始大哭大叫，就是我刚才说的"闹"。我老婆或者我把她抱到另一个房间嘘声哄她，摇一摇她。但这并没有安抚住她。嘣，嘣，捶拳蹬脚！啊，天哪！

还是给她来点真正的宝宝耳语吧：裹紧宝宝，嘘声哄她，摇一摇她，揉揉肚子，顺顺后背，让她入睡，再看看效果如何。

朋友们很宽容，假装没有挑我们的毛病，然后就匆匆离开了。"我们一定不会像他们那样，对吧，亲爱的？"他们开开心心地去吃夜宵，在路上可能会对彼此这么说。但两年后，他们的生活和我们一样一团糟。

这就是有新生宝宝时的画面：你面带笑容，尽可能保持清醒，拼命地想和有孩子之前一样地生活，然后绝望地从之前的生活中被拉回到有宝宝的现实中来。现在只不过是以前的你多了一个宝宝，不是吗？

不是的。新生宝宝不容易对付。截止到现在，你的新生宝宝只是名义上的人而已；她是一团奇怪的需求糅杂在一起，浓缩成了最基本的人体行为：

★ 吃

★ 睡

★ 拉

★ 哭

新生宝宝不仅不会有好玩和可爱的行为，她还需要你全部的注意力。她是个会尖叫的怪东西，会吃，会拉，还不让你休息。但奇怪的是：你喜欢！因为不管怎样，她是属于你的会尖叫的怪东西。

而且她也会有安静的时刻，等这个小人儿睡着了，或者乖乖待在那儿的时候，你会觉得你是那么爱她。这个时候，你会感到所有的一切都值了。啊，天哪，她在笑！噢，不是，她是在拉粑粑。

最初几周的新生宝宝

你不是该去照看新生宝宝吗？你现在哪有时间看这些废话！下面我就简单地向你介绍一些**注意事项**。

新生宝宝吃得多

新生宝宝可以母乳喂养，也可以喝配方奶。母乳喂养更佳，但这是一整套的工作。如果喝**奶粉**的话，你要帮助你老婆用奶瓶喂，做个有风度的男人。

新生宝宝睡得多

新生宝宝睡得多，但**睡眠**时间变化莫测。有时他们吃着吃着就睡着了，这样的睡眠效率可不高。基本上，他们习惯自己调定作息时间。鉴于你要跟着他们的时间转，他们睡觉的时候你也该去睡一会儿。

新生宝宝拉得多

新生宝宝拉得多，**有时候**他们的粑粑外观十分怪异。好好练一练换尿不湿吧！

新生宝宝哭得多

新生宝宝哭闹有很多**原因**，但主要是因为他们：饿了，累了，要排气，或者尿不湿脏了——**或者**无聊了。或者根本就是随机播放！

怪胎或病人想抱宝宝

别让他们抱。除非他们是你的家人。但也要让他们先洗手。

你可以不让别人抱你们家宝宝，这没关系的。他们可能会觉得你不好相处，不过你慢慢就习惯了，因为接下来差不多有18年，别人都会对你的育儿技巧说三道四。

如果你感觉别人好像不大愿意抱你家宝宝，千万别勉强人家。还记得你以前不想抱别人家宝宝的时候吗？

新生宝宝想重回妈妈子宫，可这是不可能的事

宝宝在妈妈子宫里待了一段时间，那儿很舒适：温暖、惬意，还有轻轻的水声，也没有人在耳边胡说八道。所以，如果你想哄宝宝，就想一想如何重现子宫的舒适感：轻轻摇一摇他，把他裹紧，别给他讲一大堆废话。

打嗝放屁：宝宝专利，没你的份

新生儿的内脏正在慢慢理顺，所以你得帮宝宝打嗝排气，他还会吐奶（下次给你的肩上垫一块宝宝巾）。宝宝体内有很多气体。有时候这也是他们哭闹的原因。你可以扶着他的脚做做蹬自行车的动作；这样可以排气，看着也好笑。

目前基本上就这些了。合上书，睡会儿吧！

睡眠不足有什么好处？

睡眠或许是人类体验中最备受钟爱的环节了，可新生儿不懂这些，他们会让你彻夜不睡。睡眠不足可能是照顾新生宝宝最艰难的一部分。

但睡眠不足就真的没有任何好处吗？既然你暂时不会有香甜美妙的睡眠，那我们就假装睡眠不足也有好处吧。

浓烈的讽刺感

缺乏睡眠会让你变成大家所不熟悉的冷面笑匠，会让你的同事和朋友对你超凡的喜剧表演实力肃然起敬。直肠子的老实人受益最明显，不过即使再疲惫、再叫苦不迭的喜剧演员，也会因为少睡一会儿而呈现出额外精彩的幽默表演。准备好接下来的揶揄吧："回来上班真是太好了。"

自欺欺人

众所周知，因为酷刑引起了做假供的问题……或者我应该说因为做假供，才有执行酷刑的机会？可当你睡眠不足时，你就可以撒弥天大谎，还能免受惩罚。"是的，我是世界上最成功的人！"

慢慢来

一般情况下，大家会要求你做这做那。可现在，不会有那么多要求了。当然，大家还是会提要求，但他们知道你既不情愿又无能为力。最后，他们就会不再要求你了。

不再做梦

至少噩梦已经不会出现了。就是那种每天晚上，一个老头儿不停地央求你去报警说大祸即将临头，而且每次还都一样："拜托了，我来托梦给你。你是我唯一的希望，叨叨……叨叨……"真想说，够了。难道只有我一个人做这种梦？

我道歉

不好意思，其实睡眠不足真的没有什么好处。我那样说只是想告诉你，你还有个伙伴——我爱你，兄弟。对你现在的遭遇我表示遗憾。如果你愿意，你可以直接跳到睡眠训练那一部分，我会尽量提供更多的帮助。

你家宝宝丑吗？

"不丑？"

好了，丑。就是丑。

这是个残酷的事实。人人都希望生一个漂亮的宝宝，多数人也都如愿以偿了。没有人想要一个丑宝宝。但宝宝丑也不一定就是坏事。

我们需要丑宝宝！

你想一想：如果你家的宝宝不丑，我们怎么能分辨出哪个宝宝漂亮？哪来的参照物呢？就只剩下一水的漂亮、甜美、可人儿的宝宝，好看得你恨不得吞进肚子里？漂亮的宝宝真多啊，你算算有多少！

你家宝宝很超前，某种程度上是

现实一点儿来讲，几乎所有的孩子都会让人失望。只是你们家宝宝抢先了一步而已。这样看得话，你家孩子还很超前啊！恭喜你！

丑人须行动

面貌丑的人必须凭借自己的时尚品位或才智获得成功！现下所有人都梦寐以求的技能是什么？不是财富，不是魅力。是毅力！对了，就是毅力。有毅力的人往往会成功，一路上克服掉种种困难。

爱心无界限

这不正是你的写照吗？许多人都无法去爱这个不讨人喜爱的宝宝，除了你！你一定与众不同。你肯定有一颗宽大仁爱的心。爱一个好看、可人疼、甜美的宝宝不难。而你，你已突破了爱的疆界，为自己骄傲吧！

网红宝宝

无论好坏，以后人们也不大会把一个人的姿色和魅力看得有多必要了。过去，你得去参加聚会，跟大家打招呼，笑脸迎人。而现在，你可以就只穿着内裤待在你家的地下室，发布有趣的东西。时代已经发生了变化，瞧瞧，你有多领先！

宝宝、生命、宇宙之间神秘的联系

抚育宝宝是一次非常深刻的体验，所以你有一些感触也很正常。记得我女儿刚出生的时候，我抱着她，跟她说话，我能感到她认出了我。她对我的声音有回应，因为她在妈妈肚子里对我慢慢熟悉了。

这种感觉简直太神奇了。

你不妨想一想：从某种程度上来说，这个小宝宝是你创造的。由于她携带了你的DNA，可以说她就是你的一部分，而你是你父母的一部分，然后再追溯到各种化学物质在一颗恒星上集合，诸如此类。那么这样说来，我们都互相关联，不是吗？

你真的仔细想一想：这个小人儿承载了你所有的爱，要不是她，你都不知道自己竟有这么多爱可以给予。你将爱倾注于她，也许这份爱就悄悄地被她收藏，留着以后长大了用爱回报你。所以，也可以说我们大家都是盛放爱的巨型蜜罐，不是吗？

也可以说，宝宝就是爱的使者，让人们学会分享爱，让人与人开始交流，重新拉近关系："哇，瞧这小宝宝，我好喜欢你。来，你坐我的位子，我下一站就要下车了。"这位爱的使者正在提醒大家，我们互相关爱，因为我们都是新新人类。

你想一想：超感知觉、感应、信息素，再由音乐节奏串联成一首歌——也许所有的这一切都是爱的延伸。也许动物的本能就是爱！因为人类属于动物，我们只想保护我们的 DNA。我估摸着 DNA 里储存着爱，我们拼命地保护着我们的爱，然后写出了舞曲，这难道不深刻吗？

因此，可以说宝宝＝爱，爱＝DNA，DNA＝超感知觉，超感知觉＝音乐节奏，音乐节奏＝DJ，DJ＝宝宝。是不是我睡眠不足了？

你好，小朋友：和你说话我不会别别扭扭

现在你有了孩子，是否会担心不会和孩子交流？有些新手爸爸之前有当叔叔的经验，或者有一个大家庭可以练习。但也有不少人很多年都没有理睬过孩子。

社会上对成年男人和小孩子聊天的画面并不怎么感兴趣。不过现在既然你有了孩子，就得学着怎么和他们说话。你只需要一点练习就可以做得很好。下面的这些技巧都切实可行，屡试不爽。

有些小孩就是讨厌你

有没有宝宝一见到你就哭？你跟他们讲话的时候，他们会藏在妈妈的身后？

对付这种孩子，最简单的办法就是把他们当成小笨蛋，不理他们。

可这么做的话不是在努力提高和孩子交流的能力，而是在到处树敌啊！

你心里要明白有些孩子就是比较害羞，或者害怕你，并不是故意针对你。天涯何处无小宝。你完全没必要强迫他们，吼他们："你为什么不和我说话？！"

孩子就像蜘蛛

如果你害怕蜘蛛，我会让你躲远点，要生个蜘蛛吗？不。我会告诉你，从看蜘蛛的照片开始到慢慢接触真的蜘蛛，最后战胜你的恐惧。也许到最后你还会习惯，身陷盘丝洞也说不定。

所以，首先，试着去和孩子交流。不要没来由地别扭。正常情况下不要避开和孩子说话的场合，强迫自己和他们说点什么。试着说点他们可以搭得上的话。要勇于参与！

★ **例如**："那列火车真不错。"

★ **或者**："看天气好像一会儿要下雨。"

★ **而不是**："卖汗衫可以抵过经济萧条，因为没人喜欢污渍。"

扮傻瓜

孩子喜欢纠正大人的错误，所以你就装成什么都不懂的大笨蛋。孩子小的时候，听他们长吁短叹十分可爱。等他们到了青春期，就是另一回事了。趁他们还没法还击先捉弄捉弄他们！

★ **例如**："你叫艾登吗？这可是我的名字呀！"

★ **或者**："你看见我的帽子了吗？"（戴着帽子故意问）

★ **而不是**："嘿，小子！把包还给我！"

假装他们是大人

有些时候，郑重其事地和孩子相处，把他们当成大人一样，结果会非常有趣。试着给他们鞠躬，凡事夸张一些。但要注意，谈话内容还是孩子的内容，而不是成人的谈话内容。

★ 例如："早上好，女士。您今天去动物园玩得开心吗？我真心希望您会喜欢那荒唐的黑猩猩。"

★ 或者："我同意！最好喝的果汁是苹果汁。你要不要再来一点？"

而不是："我听说天然气津贴对能源独立大有助益，但谁知道长远来看
★ 又会有什么弊端。"

学会放弃

"舍弃吧"是我在表演时经常收到的反馈。他们不只是说我的特写照。它的意思是说不要太过用力。别太在意了。毕竟，大部分的孩子以后都不会记得你。这只是练习如何和孩子拉近关系。即使失败一两次也没关系。

★ 例如："去踢足球，哈？我以前也踢。没什么大不了的。"

★ 或者："我喜欢你的帽子！我到站了。再见！"

★ 而不是："这是火车头托马斯吗？不是？好吧，我无所谓。随便。不过，我肯定那就是托马斯。最好查一查。哦，对了，你没有手机，因为你还是个小孩。"

绑着婴儿背带、
满脸幸福遛宝宝的画面都是骗人的

据说，用玛雅面料纯手工做成的背带哄宝宝可以让人的幸福指数直线上升。一对夫妻，满脸幸福地绑着婴儿背带遛宝宝的感觉有多好？

你和妻子手挽手走在大街上，胸前系着背带抱着宝宝，顿时街道两旁仿佛吹响了排箫，真诚、美好地庆祝人们的欢乐生活，就在此时此刻，一切是那么真实。你们是新一代相爱、相惜的爱人、家人，你们的未来就在眼前，就在孩子身上。

当然，每个人的历程都不尽相同。我也不是说刚才的画面就是假的，有时候你们也会成为那样的夫妻。你会看着身旁的伴侣不禁想：我真幸福。我真是太幸福了！朋友，这些时刻你可要好好珍藏和回味。艰难的时候你得靠它们帮你撑过去。把这些保存起来，拍张照片，做成手机屏保吧！

但没有一个当爸妈的会否认头几个月的艰辛。那时候你会感到身心俱疲，自我迷失，一切让人感觉眼花缭乱、奇怪又陌生。所以，放松点，别太紧张。如果可以，试着去享受和品味；如果不可以，蒙混过去就是了。

如果你的生活不是时时刻刻都像爱的秀场一样让你觉得幸运无比，请不要悲伤。如果你的生活充满了哭闹，不是睡眠不足就是给宝宝做苦役，令你感到身陷囹圄，看谁都讨厌，看什么都不顺眼，请不要难过。也许有一天，你会在街上看到一个人，他一边遛着狗，一边带着宝宝，还一边开心地品着冰茶，这时你只想发自肺腑地说一句："哥们儿，真牛……！"

发育指标：我家的新生宝宝怎么样了？

当你老婆因宝宝发育的小问题发作时，比如说："啊，很多宝宝现在都会翻身了。"这可不仅仅是母性本能使然。大多数妈妈都会看各种育儿书、育儿公号、电子期刊等，跟踪宝宝的发育指标。那你也要参考吗？也许要吧，但这部分妈妈们好像已经全包了。

请允许我做一个不负责任的小结。每个宝宝都不同，但简单来说，你家新生宝宝的情况会是这样的。

1. **新生宝宝不知道自己是人**，更不要说是爱猫还是爱狗的人。

2. **新生宝宝不知道什么会让自己高兴**。先排队吧，小不点儿。

3. **新生宝宝哭不是为了惹你生气**，这是他们唯一的交流方式，和你的老室友一样。

4. **新生宝宝各不相同**，但你不能像逛商场一样货比三家。

5. **新生宝宝喜欢看人脸**，即使是你，呆头呆脑的你。

6. **新生宝宝要花很多时间调节自己的生长发育**，所以不管你给他们戴什么乱七八糟的帽子，他们可能都不会注意到。

第 四 章

男人
与
宝宝

这个宝宝真有趣！

有趣的宝宝（有史以来最有趣的宝宝？）

有一天，你可能会发现你生了一个格外有趣的宝宝。那个小人儿现在……说不清……很让人着迷。

我录了很多视频，保存了我女儿开始变得有趣的点点滴滴。我抓着她的胳膊，朝着家里还没来得及收起来的锈球、铁环爬去。我逗得她噘起嘴巴朝我笑（现在我知道了原来她那样是想放屁）。

就这样，我家这位烦人的女高音慢慢会说话，会咯咯笑了。每段视频都记录了我们家小可爱能干的模样，充满了爱的光辉，只可惜我动不动就"哦，瞧她"或者"噢，呼，天哪"，真是开口毁所有啊。我都嫌自己烦。

可我忍不住。终于有个好玩有趣的宝宝了，这多让人欣慰啊。她会翻身打滚，咯咯笑地爬来爬去。我发现有人竟然会那么专心致志地玩脚指头，简直太神奇了！

你且等着看吧！

你扮咕咕脸时，她会说："叭啊啊。"你上下移动手时，她会定睛看着，还一边砰砰地砸拳头！她已经变成我们平日里常见的宝宝。她已跟你绑在了一起，她笑，你也笑。

想想你花了多长时间才学会玩朋友圈的。可是只有短短的几个月时间，她就会笑了，会翻身了……她简直就是个天才啊！

为什么地球还在转？为什么人还要去上班，还要玩朋友圈，为什么不来感受这个伟大的奇迹？面对身边的奇迹，人们却紧闭心门，这真是悲哀啊。幸好，你现在懂了！

把宝宝扮成你的个人品牌代言人

你是摇滚青年？老派嘻哈迷？铁杆球迷？正好！你家宝宝可以派上用场，秀一秀你的兴趣爱好，让他担当你的个人品牌代言人。

精心装扮的宝宝 = 张张笑脸

穿上成人装的宝宝看起来会十分滑稽。宝宝警察？谁会生宝宝警察的气？你要是问我，我会认为都换成宝宝警察才好。宝宝穿宝宝服简直是一种浪费——他的可爱只能表现出来一半。

把我家宝宝当成道具也没关系吗？

当然了！宝宝们还决定不了自己要穿什么衣服。赶紧抓紧时间，让他们好好被你的品位熏陶熏陶。不过记住一点，你家孩子将来有可能会，或者说一定会，讨厌大部分你喜欢的东西。这就是为人父母。

宝宝穿酷装反而会显得土气？

有可能。不过你要认清现实：你已经不再有型了！所以，尽情享受这份土气，满怀真诚地接受它吧。至少大家会觉得你还算是个很酷的家长，作为家长已经够酷了。诚然，这种看法本身就不怎么酷。

别人不想听你聊宝宝怎么办

以前你很讨厌别人跟你不停地唠叨他们家宝宝，所以你懂的。可这回不一样，那些家伙根本不知道你家宝宝多么有趣。

假装关心他们无聊的宠物／大孩子／乐队

有时候，要是你想聊你家宝宝了，唯一的方法就是先去听人家的谈话。你不用听太长时间，听一会儿就行，然后一有机会就不着痕迹地把话题转移到你家宝宝身上。

例如：

他们："我们家狗最近瘦了不少，兽医说我们得给他用点治犬心虫的药。"

你："哦，我们家宝贝萱萱不需要治犬心虫的药，谢天谢地。她胃口很好！"

给他们来块"可爱三明治"

可爱—无聊—可爱的效果总好过可爱—无聊—无聊—无聊—可爱。

先来点可爱的，接着再说点你想说的无聊的，然后再扔点可爱的。还没等他们回过味来，整个"三明治"就已经吞下去了。

例如：

可爱："萱萱很喜欢我们家猫咪巴尼。"

无聊："真不敢相信现在的尿不湿这么贵，也不知道选哪款最好，伤脑筋。"

可爱："她老是抓自己的脚指头！"

无须铺垫，直接开始

直接进入主题，很快说完你要说的，给听者来个突然袭击。没等他们回过神来，你已经说完了。

例如：

他们："你是要一个大杯的咖啡吗？"

你："萱萱拉臭臭都是一大坨！"

亮出"新好爸爸"这张牌

开场白先讲一下现如今做爸爸有多好多好，现在的爸爸们可以表达情感，也有脆弱的时候。这下就没人会打断你了。

例如：

他们："今晚你把那份 PDF 文件发到我邮箱。因为明天一早我要去康涅狄格州看我父母。"

你："我爸从来没对我说过爱我，所以现在每天我都会对我宝宝说。"

"不小心"穿一件有宝宝奶渍的衣服

不想聊自家宝宝的人才会穿干净的衣服。你"不小心"穿一件上面有宝宝奶渍的衬衫，自然提醒了大家要聊聊你家宝宝，你不用刻意要求。

例如：

他们："嘿，你衬衫这儿有东西——"

你："那肯定是萱萱弄的！这个笨丫头！可能她6点喝完奶，我们玩得有点疯了。你看，每天晚上……"

聊着聊着，很快你就该聊她学步的那些趣事了。

宝宝安全防护：收起尖利物品

看到宝宝会爬会走，着实让人激动。会爬，接着会走，再接着离开家，然后再也不打电话回来：这就是自然发展规律。

我们大人们总是希望能坐会儿，躺会儿，睡会儿，看会儿电视，可小家伙们却总是喜欢去探索。他们对那些尖利、易碎的玩意儿格外好奇，现在，赶快把它们收起来吧！

哪些需要防护？

宝宝的安全防护取决于你家孩子有多爱瞎闹。我女儿就很奇怪，她从来都没想着去拧炉灶上的旋钮，来我家的小朋友倒是会去拧一拧。不过，我女儿喜欢在我家餐桌的尖角上撞头玩，撞啊撞。所以你看，人无完人。

宝宝防护是门艺术，不是科学。你可以把家里所有的化学品都锁起来，而你家宝宝就是有办法找到那堆你忘了收起来的碎瓶碴。

宝宝防护等于清扫吗？

小孩子很喜欢往嘴里塞东西。如果你家的地毯是便宜货，很容易脱绒，或者你和我一样经常会把半碗饭都撒在地板上，那宝宝防护和"清扫"基本没两样。我想再怎么不爱打扫的懒汉，你让他不停地从孩子嘴里掏东西放进簸箕里，他也是会厌烦的。

安全防护到全家！

幸运的是，现在市面上宝宝防护的物品有很多。你随便说一条隐患，就有商人为你解忧。

危险	防护方案
桌子尖角	防撞角
放化学品的柜子	安全锁扣
很陡的台阶	宝宝安全门
放在客厅里很重、很尖的宝贵藏品	塑料围栏
晃晃悠悠的置物架	把架子绑到墙上的带子

宝宝防护最终会失效

当然，有点常识会对你有很大帮助。就比如，你也该把你的刀具大全收起来了吧。宝宝很擅长找围栏的薄弱环节。我不是说不用防护——你必须防护！——但是它的作用有限。

你不可能把宝宝一直绑在气泡膜上。她必须学会犯一些小错，非致命性的错，这样她才能知道什么是危险。现在学习一点安全常识，对她以后的成长会更有好处。

老大让你回去上班

这很讨厌，是吧？社会要求我们爸爸们站出来，多参与家庭生活，而当你真的站出来时，他们又要打击你，逼你回去上班。他们想让你家庭事业都兼顾？要完成社会扔给我们的不可能完成的任务，结果必然是失望和内疚。

很多年来，女人们不得不和这些乱七八糟的事做斗争。而男人呢，如果想和宝宝多待一段时间，得到的回应总是让人费解。"是啊，这想法听起来不错……只不过，现在，不，这样还不行。因为我们需要你回来上班。"

我曾经听说，在芬兰有一个神奇的地方，那儿会放 4 个月的陪产假，6 年的青春期假，然后还允许你 25 岁就退休。这感觉一定不错。可是，不好意思，这里不是芬兰，我们还是得为了混口熏鱼去上班。

这也就是说，工作可能还是一样的，但你已经不同了。

当爸爸后你的工作表现会更好吗？

很难。哭闹、极大的情绪波动、深夜加班……好了，既然你明白了什么是爱，你自然也懂得了什么是瞎胡扯。你感受到了和宝宝的情感联系，自然也就知道了与客户的"联系"并不那么重要。

而另一方面，或许工作需要的正是同理心。又或许，同理心的意思就是协同，这样你就不用再查字典了。

生活重心重组

你终于找到了生活目标，谁还在乎工作啊？月底审查真的没那么重要，绝对没有一个生命重要。不过这种"我才不屑"的态度往往会使你被重用，被尊重，所以你最好当心点。

你能想象你同事把一次营销推广比作他们家"宝宝"吗？营销推广会让你抱抱吗？

你就是男女平等的典范

数十年来，女人们在职场上一直被忽视；大多数公司和企业都不情愿让她们休产假，即使有产假，也是采用最低的标准。虽然父权社会给了我们男人不少便利，但陪产假依然很少见。也许等大家都意识到让你回去上班太烦人之后，他们就会想办法改革了。说不定你的不称职还成了伸张正义的力量。让所有烦人的男人都待在家里不是很好吗？这样一来，公司才能真的干点正事！

也许，到时候"老大"就会变成大姐大。

睡眠训练无休止

"睡眠训练"的目的是为了帮助宝宝通宵熟睡，不用你起夜。

宝宝一觉到天亮，你才可能开始慢慢爬回到正常生活。宝宝发育到一定阶段后，就可以通宵熟睡，不用你晚上喂奶了。在这之前，如果你不去了解睡眠训练，那么你会和我一样，会再等上几个月，等自己彻底濒临崩溃了，脑袋瓜已分不清东西南北的时候，才会下决心调整自己，可以让自己在晚上睡个像样的囫囵觉。然后，你才会想起来问：我们怎么给宝宝睡眠训练？

科学界认为：没有人能告诉你怎么做可以实现这一宏伟目标。大家一致认为，宝宝发育到一定程度，就可以接受睡眠训练。但怎么训练就是仁者见仁，智者见智了。很难搞清楚哪一种方法有效，不会造成永久性伤害，也不会让其他家长因此而对你有所指摘。

睡眠训练的方法基本有三种：

1. 哭声免疫法
2. 循序渐进法
3. 无泪训练法

常规育儿书中对这些方法做了详尽的介绍。可你每天困得要命，鬼才信你会逐字去看这些书。因此我总结出了一些要点供你参考。

哭啊哭啊哭啊哭声免疫法

哭声免疫法大致就是你把宝宝放下，如果他哭，不要管，一直到第二天早上。好了，睡眠训练结束。

优点：这种方法简单易操作，只要你忍受得了哭叫声就行。

缺点：哭叫声，那种会撕裂你每根神经的可怕叫声。啊，天哪，无休无止！

难以评估的循序渐进疗法

不温也不火的"循序渐进法"是指既不让宝宝一直哭，也不要他一哭你就抱。

★ **优点**：如果你喜欢微妙的变化，或相信渐进式改变，你会喜欢这种方法。

★ **缺点**：渐进式改变可能会有点太渐进了。孩子比上个月多睡了 2 分钟，这真的说明有所改善了吗?

不哭、不放、醒了就可以抱的无泪训练法

无泪训练法的理念是：在睡前通过安抚，建立规律的作息，让孩子慢慢喜欢睡觉。如果一直不喜欢，长大了你要哄他睡，他就会让你出去，因为他的大学室友已经烦透你了。

★ **优点**：感觉很有爱，不用为了做艰难的选择而自我感觉不好。

★ **缺点**：有没有搞错，我们不是要睡一会儿吗? 如果不睡，那还不如叫"不睡训练"。

我该怎么选?

是这样的，一般情况下，你老婆的一位朋友会向她推荐一本书，她看后会非常喜欢，然后这事就算完了。或者有另一种情况，你的朋友一个个会选队站，他们对某一种方法深信不疑，你要是提一下别的方法，他们就会像看疯子一样看着你。或者，你也可以很快把这些方法一个一个都试一遍。

育儿有很多地方都是这样，你应该有一套计划，什么样的计划都行。有计划要比计划本身重要，最主要的是持之以恒。不管别人怎样言之凿凿，有什么样的道理，你都要始终坚持立场，这一点是作为男人久经考验的优秀品质，也很适合大多数爸爸。

至于我们家闺女，基本上可以说我们选择了中间那条路，让她慢慢地学会乖乖睡觉。现在她 10 岁了，睡前我们会给她读会儿书，给她塞个她喜欢的毛绒玩具，掖好被子，让她喝口水，她管这叫"咕嘟咕嘟"，再掖好被子，坐在她旁边待上 20 分钟，然后她就可以一觉睡到天亮了。你瞧，多简单？

花式晒娃有新招

现在你家宝宝可能到了最讨人"赞"的阶段。别忘了发个朋友圈，千万别辜负这段珍贵的时光。

★ **完美萌宝照**：给宝宝精心设计好造型，再不经意地展示出你新生活的随意悠然。

★ **不要怕秀过火**：没有孩子的人会烦你用萌宝照刷屏。那你就歇一会儿，等他们好奇萌娃照怎么消失了的时候，你再来一拨萌娃照，给他们来个狂轰滥炸。

★ **蹭热门**：萌娃版的名人会很滑稽——谁会对一个宝宝版的流量明星感到陌生。

★ **展现真实一面**：可以发一些你家宝宝的嚎哭照，他们会欣赏你的勇气和真诚的。

★ **近照**：非常近距离地拍张照片。

★ **远照**：再退回去，拍一张透着淡淡忧伤的照片，让人不禁说道："你看，那个小孩一个人待着多可人疼。"

★ **宝宝合照**：如果你旁边有很多宝宝，一定要和他们一起合影，大家都喜欢看宝宝天团。

宝宝什么时候开始吃食物？

到了一定的时期，你就会给宝宝添加固体食物。我们还从没见过 35

岁了还吃母乳的人。这不是荒唐吗？我要是见了肯定会说："嘿，朋友，饶了你妈吧！"

初为父母，对给孩子添加固体食物都会感到很紧张，但其实这真的没有什么大不了的。

添加固体食物要循序渐进，让宝宝慢慢习惯吃的不等于喝的。所以刚开始，你要准备一些糊糊、软糯的食物。然后，等他们长牙了，添加更多的固体食物。有意思吧？

婴儿吃的是婴儿食品

关于给宝宝先添加什么后添加什么，我很尊重现代科学的做法。大多数都是米粉、果泥什么的。我不知道你的那些大妈牌大麦该怎么办。

好吧，暂时来说，婴儿食品看着就像"婴儿食品"。捣碎了的胡萝卜、豆子、苹果、梨，还有美味的西梅。这些西梅迟早会派得上用场，因为宝宝的饮食结构发生了变化，可能会出现积食。是的，他的便便也会更……像便便。

如果你从前也爱向别人炫耀说你家宝宝的便便不臭，到了这个阶段你就准备好打脸吧。

可怕的食物之旅

你就把这当成是食物之旅的其中一步吧：

★ **第一步：母乳和配方奶**
★ **第二步：糊糊**
★ **第三步：芝士通心粉和鸡柳条**

★ 第四步：不健康、美味的垃圾食品

★ 第五步：不健康、美味又昂贵的早午餐

★ 第六步：改过自新后，健康的甘蓝和藜麦

★ 第七步：糊糊

但切记，不要着急！和其他很多发育指标一样，你要冷静对待，不要过分担心。每个宝宝都各不相同（不过多数都喜欢摇铃）。有的宝宝吃固体食物要比别的宝宝早。但要是你家孩子一直不爱吃甘蓝，你也别犯愁。

他们为什么要盯着我看？

你和宝宝出门逛的时候，别忘了你可能会遇到很多没有孩子、可悲、没有爱心的人，他们心门紧闭，根本感受不到宝宝的魅力。当然啦，你以前可能也是那样的，不过现在很难回忆起来自己曾经那么迷茫过。如果你想知道他们为什么要盯着你看，我倒可以给你点提示。没有孩子的人一般都会这么想：

★ 所有的尿不湿里面都有便便。

★ 婴儿的私处不该在公共场合被别人看到，就算只是小宝宝，要急着换尿布也不行。

★ 生活的内容不只是大喊大叫的婴儿和小孩。

★ 小手很脏，有病菌。

★ 跑步是室外运动，不应该出现在餐馆／图书馆／博物馆／杂货店。

★ 用一个东西敲另一个东西，这不叫音乐。

★ 如果一个宝宝喊着要玩具，接着玩具掉了，又喊着要玩具，拿到玩具后，又掉了，也许就不应该再给他那个玩具了。玩具时间已经结束了。

★ 当父母的都是又老又可悲的人，他们永远也不会变成那样的。

哭吧，没关系

现在你当了爸爸，你内心最柔软的那部分被打开了。幸运的是，现在的爸爸是可以哭的，他们也应该哭一哭。下面是会让你为之动容的一部分话题清单：

★ 手机广告以及其他胡说八道的广告：这家手机公司的广告真的道出了我对家的付出……

★ 孩子遇险的节目：有孩子遇险片段的刑侦片，以前你从不在意，而现在你看了却会流泪。

★ 关于孩子成长的电影，比如《头脑特工队》：相信我，要不了几分钟你就会哭得像个小孩子一样。

★ 几乎所有里面有孩子的电影电视，尤其是出现下面这些场景的时候：
一个小女孩遗失了她最心爱的毛绒玩具，这有可能就象征着她开始失去童真，慢慢长大。
婴儿床里睡着甜甜的宝宝，他的爸爸妈妈就在一旁亲切地看着，但你却从预告片得知，他们将劫数难逃。

★ 一个孩子表现出超过她年龄的勇敢。

★ 一个孩子表现出超过她年龄的聪明。

★ 孩子天真无邪的一席话给我们上了一课。

★ 一个孩子做着孩子该做的事。

发育指标：我家的酷宝宝怎么样了？

★ 宝宝开始认识周围世界，但他还什么都不懂。

★ 宝宝会和你眼神交流，但还不会瞪你。

★ 宝宝会模仿你，但还不会挖苦讽刺。

★ 宝宝在牙牙学语，但还不会口技表演。

★ 宝宝喜欢对陌生人微笑，即使是夹着笔记本的学院派。

★ 宝宝很容易过分激动和情绪失控——不怎么冷静。

★ 宝宝开始学习掌控身体，但可惜不会漂浮。

★ 宝宝会很专心地看手和脚，不过他没发呆。

★ 宝宝喜欢乱抓和乱摸东西，但一般没人会怪他，因为太可爱了。

★ 宝宝会用眼睛跟着东西转——你可以让他不停地转啊转，太好笑了。

第 五 章

男人
与
低龄宝宝

你家宝宝就不能乖一点吗？

低龄宝宝：孩子带来的苦与乐

低龄宝宝真的是集抱抱和吼叫于一身，是酸与甜的化身。生活对你的考验算是正式开始了。未来几年，你将身处水深火热之中。

低龄宝宝就像是古怪的迷你我①，他会像正常人一样有自己的观点、问题和个性，也会有邪恶博士反复无常的性格。

首先，低龄宝宝会说话，但是大人们很难知道他们在说什么。很难搞清楚话的意思，除了他们想要什么的时候。

其次，低龄宝宝会走路！他们也会跑：直接跑到车流里，跑着跑着碰了墙，只要是他们不该去的地方他们都会去。

说话吧，不行。走路吧，不行。想要东西吧，得不到。这就是为什么低龄宝宝难对付的原因。

不过他们通常也非常滑稽，也很可爱。他们搞怪的个性开始越来越明显。一天，我女儿突然很认真地指着我说："今天是个特别的日子，是

---

① 迷你我（Mini-Me），《王牌大贱谍》系列电影中的人物，他是大反派邪恶博士根据自己克隆出来的小型人。——译者注

你特别的日子，爸爸！"她盯着我，对自己的话坚信不疑，可我怎么也认真不起来，因为她头上戴了一顶粉红色的小绒帽，还有一副戴反了的玫红色眼镜。那天并不是什么特别的日子，但很多这样的日子都感觉很特别。

看着你女儿跟着音乐唱起来、跳起来，拿着你画的"漂亮"玩意儿"哇啊"的感叹，会让你重新感受到这个世界的奇妙。

但又会有多少日子，我们要忍受她无缘无故地乱发脾气？小宝宝哭闹，通常是想表达他们饿了或者累了。但低龄宝宝呢，你不知道他们想要什么，有时候他们自己也不知道。而这时在别人眼里，就是你这个当爸的太讨厌了，把这么一个大喊大叫的孩子带上街。

按点睡午觉

低龄宝宝午睡很重要。午睡时间也是你唯一能做点事的时候（比如睡自己的午觉）。可是很多事情都会来瞎搅和。

没有孩子的朋友会来搅和

午睡时间是搅和不得的。没有孩子的朋友会邀请你去参加各种娱乐活动，他们会毁了你们的午睡时间：要么 11 点去吃早午餐，下午 4 点去听公园演唱会，要么就是下午 2 点吃午餐。没有孩子的人不明白睡午觉的重要性。去见朋友自然好，但会好到让你宁可不午睡，一整天过着无厘头的生活吗？

定期赏赐两小时

也不是说你的生活就像犯人一样，只不过它要有一定的节奏。很简单！你的时间还是灵活的。最好赶在你的自由活动时间去见朋友或做别的事情，可别在午睡期间去。我这儿有一份作息参考时间表。

★ 早上 6 : 00—8 : 00 起床，吃早餐，玩游戏

★ 早上 8 : 00—10 : 00 自由活动

★ 上午 10 : 00—11 : 00 吃零食

★ 上午 11 : 00—12 : 00 睡午觉

★ 下午 12 : 00—2 : 00 吃午餐，玩游戏

★ 下午 2 : 00—4 : 00 睡午觉

★ 下午 4 : 00—5 : 30 自由活动

★ 下午 5 : 30—6 : 30 吃晚餐

★ 下午 6 : 30—7 : 30 洗澡，讲故事

★ 晚上 7 : 30—8 : 30 睡觉

所以说，你从早上8点到10点，从下午4点到5点半还是自由的，你想干吗干吗！

还会有什么来搅和？

除了没有孩子的朋友，你都想不到会有多少事来打扰你们睡午觉。

★ 前一天晚上睡得太晚

★ 前一天晚上睡得太早

★ 太早起床

★ 太晚起床

★ 吃了顿大餐

★ 坐婴儿车兜风

★ 坐汽车兜风

★ 坐在自行车后面兜风

★ 早午觉睡得时间太长

★ 情绪不好

★ 整理院子

★ 大气压

★ 星期二

★ 快递

★ 有人不停打错电话

★ 猫在一堆盒子上跳来跳去

★ 镜子从一个角度向一间暗房里反射进一束光

★ 你手机里的《纽约时报》大事件提醒，可你明明记得关了

放弃午睡，说放就放

慢慢地，多数孩子会从两次午睡减少到一次，然后再从一次减少至零次。一般都会有一个过渡时期，期间第二次午觉时不时就会漏掉。你会以为只是那一天表现差而已，谁知这样的情况会再次发生。

当时你会感觉只是孩子任性不听话，有时你也能想出招哄他们去睡觉，不用无奈地吓唬他们。

其实这是他们在慢慢地减少午睡时间。要告别美妙的午睡时间很让人不舍。但你还能怎么办呢，难道一整天跟孩子待在一起吗？这样也有

好的一面，现在你有时间可以去会一会朋友了，让他们看看你一团糟的生活。还是出去转转吧。

在咖啡馆柜台给宝宝换尿布：带娃心理个案研究

当你正在咖啡馆柜台给宝宝换尿布时，你突然意识到："天啊，我竟然在咖啡馆柜台给娃换尿布！"

是啊，我们还是开导开导没孩子的人吧，别让他们看见你现在这样子，开始对当家长的深恶痛绝。

在育儿的世界里，清晰的时刻很少、很远。你是一错再错，越陷越深；沉没成本①很高，而你鬼使神差地就走到了今天。

在咖啡馆柜台给宝宝换尿布背后的故事

一开始你的目标是崇高的。但是育儿道路是滑坡谬误②，一不小心走错几步，你就变成了魔鬼。

★ 你在家快憋死了，想赶快出门透透气。

★ 你想让孩子感受感受音乐！孩子就应该听听音乐，不是吗？所以你在

---

① 沉没成本（Sunk Cost），指过去发生的、与当前决策无关的费用。我们把这些已经发生不可收回的支出，如时间、金钱、精力等称为"沉没成本"。——译者注

② 滑坡谬误（Slippery Slope），一种非形式谬论，指使用连串因果推论，却夸大了每个环节的因果强度，从而得到不合理的结论。比如：你踩死了那只蚂蚁，就说明你不尊重生命，你不尊重生命就说明你会随意杀人。——译者注

附近找了一间可以跟唱的咖啡馆，可里面人挤人。

★ 也不知道为什么，你家宝宝就喜欢在路上拉便便，偏爱在你们不在家的时候释放。所以等你们到咖啡馆的时候，尿不湿已经兜得满满当当了。

★ 但是由于其他争强好胜的家长也是刚从"笼子"出来，也带着宝宝来跟唱，所以洗手间里挤满了保姆和妈妈，慢慢悠悠地享受她们的美好时光。

★ 由于每件事你都没来得及踩在点上，歌手已经开始了《可爱的小蜘蛛》①的手指歌表演。

★ 谁都不想专门来跟唱，结果却不得不跟着唱。

★ 所以办法很简单，没什么大不了，赶快在柜台给宝宝换。看当爸爸的多机智！

结果，你就在跟唱咖啡馆，当着一群满脸惊愕的嬉皮士的面给宝宝换尿布，你家宝宝的小屁股距离柜台上的燕麦葡萄干烤饼就只差几英寸。

爸爸的尿布包：25 件必备品

有准备的爸爸才是快乐的爸爸！可是，这是什么意思？我是不会让你带 25 件东西的，我希望你能明白。你这会儿可能会有点害怕，但"必

---

① 《可爱的小蜘蛛》(Itsy Bitsy Spider)，一首英文儿歌，歌词大意是写一只小蜘蛛不断奋力往上爬，又不断掉下来的经历。——译者注

PREGNANCY FOR MEN

一本真正出自男人之笔，专门写给男人看的怀孕书

老婆怀孕了！如果你真的很关心这件事，那么这本书一定要读！

在这本让人笑破肚皮的怀孕指南中，作者第一次向天下所有的准爸爸们发出了号召：怀孕不是一个人的事，当你的另一半在奋力挣扎时，你至少应该学会帮助她。

作为第一本写给男人的怀孕指南，书中讲述了从受孕到晨吐，从超声检测到孕期性事，从胎儿生长到妻子的情绪变化等一切孕事，其间处处闪烁着令人捧腹的幽默，让你在轻松之间了解妻子正在经历的一切。

备品"是一种错觉。

还有尿布包？哥们儿，你有尿布包吗？什么情况？女人才背尿布包。除非你有办法让准妈妈派对①的礼单上出现一款帅气的尿布包，否则你就准备好背那款又大又女里女气的尿布包到处转吧，看上去就像个窝囊废。赶紧把那破玩意儿放进你的背包或者快递包里吧。这下好了，你风度依旧！我看好你。

好了，我们开始吧。我不知道下面有没有一件是必备品，那就开始数吧，数到哪儿是哪儿：

★ 1. 地铁卡（仅限城市使用）

★ 2. 钱包：买那些我没让你带的东西。

★ 3. 尿不湿：也可以不带。如果你不带尿不湿，也没什么要紧。大多数宝宝其实都不在意尿布干净与否，是家长在意，这只是一场心理游戏。我这么说都是为了让你能轻松上阵，朋友。

就这些，你的清单上只有两件物品：地铁卡和钱包。如果你不住在脏兮兮的城市，你就只需要一件：钱包。一路上你需要什么就买什么。自由万岁！

不过你既然背着背包，那不妨再装几件东西。

★ 4. 尿不湿：不妨装上。

★ 5. 湿巾纸：好吧，你确实需要带一些。湿巾纸可以说是最实用的。

---

① 准妈妈派对（Baby Shower），在美国由来已久，一般是在婴儿预产期前一两个月内，准妈妈的女性好友聚集在一起，共同把祝福、礼物和育儿经送给准妈妈，帮她做好物质和精神上的双重准备。——译者注

★ 6 奶瓶：有宝宝你最好带上。别犯傻啦。

★ 7. 零食：其实我想说，去你的零食！你今天要带孩子干什么？你不是计划找个地方吃饭吗？差不多花上半天的时间：吃东西。所以，你要找个美味的餐厅好好地吃一顿，而不是在这儿吃奶酪酥。但话又说回来了，零食迟早用得上。那好，带上吧。

★ 8. 饮品：如果你要带零食，最好也带上喝的。

★ 9. 安抚奶嘴：最好带上。

★ 10. 毯子：在比较冷的商店和地铁上给宝宝保暖用。

★ 11. 手机

★ 12. 钥匙

★ 13. 童书

★ 14. 给爸爸读的有趣的书——我可以建议《男人与孩子的对决》吗？

★ 15. 玩具

★ 16. 额外的安抚奶嘴

★ 17. 额外的衣服

★ 18. 防晒霜

★ 19. 帽子

★ 20. 洗手液

★ 21. 护臀霜

★ 22. 便携式尿布台

★ 23. 面巾纸

★ 24. 口水巾

★ 25. 纸和笔

★ 26. 急救箱：既然你都带了这么多东西，不妨也带上这个。

你闻不到那诱人的自由气息吗? 好了，去吧，老家伙!

低龄宝宝吃什么？

美食曾经是你最看重的五件事之一——还记得早午餐吗? ——但低龄宝宝只会糟蹋美食。你本想给他们准备一些健康、精心制作的食物，结果却遭拒绝或者干脆给揉碎了。就在不久前，你才千方百计地让她告别奶瓶，现在又要上演吃饭大戏了。

他们不吃健康食品

你小的时候，食物指的就是花生酱、果酱三明治，芝士通心粉和果脆圈轮流换。也许你吃这些可以，但给你家宝贝吃这些可不行。现在，你得买适合孩子吃的食品。你必须假装葡萄是甜点。以前，吃花椰菜会搭配奶酪酱，至于甘蓝，那会儿还没发明出来。

说到食物，重要的是要有全局观：你希望孩子吃东西，她需要吃东西。你必须想办法让她吃，即便是偶尔使诈，在美味的奶酪下面藏一些健康食品也行。

低龄宝宝的味蕾就是会移动的靶子

低龄宝宝说她不想吃那个，想吃别的。可等你把别的给了她，她又不想吃了! 低龄宝宝喜欢面前放一堆的小盘子：来点胡萝卜，一点面条，还有一些新出的、贵得要命的有机零食。不管你以为你家孩子喜欢吃什么，都别太认真——很快她就会讨厌那个东西了。

第五章　男人与低龄宝宝

他们想吃零食

凡是花了很多心思准备的饭都有可能被他们拒绝。对于低龄宝宝来说，零食更像是便饭，他们喜欢吃。既然不管是谁到最后都难免伤痕累累，那你还不如就认了吧，接受他们以后就以"零食"为生的事实。

有趣的食物（听起来）

低龄宝宝爱挑食。要想让你家孩子乖乖吃东西，有一个办法屡试不爽，那就是让食物变得"好玩"！这就是为什么我们叫炸鸡球，而不叫鸡肉泥的原因。你可以给孩子吃下面这些改名后的经典食品。

- ★ **猪包毯**：面饼里放一根热狗
- ★ **猪包袋**：一片厚厚的面包里放一根热狗
- ★ **火车头托马斯脱轨**：热狗摞起来放在土豆泥旁
- ★ **巨石阵**：热狗随便撒在盘子上
- ★ **大脚怪的小木屋**：热狗堆放起来
- ★ **小狗大战**：一堆热狗
- ★ **魔毯上的鼻屎怪**：一片乳酪上放一些奶酪酥
- ★ **蚂蚁部队**：葡萄干
- ★ **亚马逊森林采伐**：花椰菜
- ★ **趣味怪便**：小胡萝卜
- ★ **小胡萝卜**：普通胡萝卜
- ★ **炸鸡球**：鸡肉泥
- ★ **恶心泥酱**：鹰嘴豆泥
- ★ **芝士魔咒下的小公主号**：芝士通心粉

他们想吃手指食物

他们会挑手指食物，接着揉碎，然后到处乱扔。眼瞧着真是糟心，可擦起来更糟心。对他们来说，餐具只是远距离投掷的发射机。

千万别给他们做饭

你是那种会做饭的开明爸爸吗？哇，不错。男人来参与曾经是"女人的事情"，这很好。但不幸的是，你将会懂得"女人的心碎"，因为你要眼睁睁看着你用爱心准备的饭菜遭遇"恶心""不要，不要"的对待。

讨厌的如厕训练

如果你想找一本搞笑的书来教你怎么给宝宝做如厕训练，那你可比我大胆。当初我要是靠杰瑞·宋飞①的《宋飞语录》来给我闺女训练睡眠，我永远都不会原谅我自己。

不过我也知道，还是得聊聊如厕训练，因为它是新手爸妈们最焦虑的三件事之一：

1. 睡觉
2. 吃饭
3. 排便

---

① 杰瑞·宋飞（Jerry Seinfeld），美国著名的单人脱口秀喜剧演员，其代表作情景喜剧《宋飞正传》曾风靡美国。——译者注

实际上，这该死的如厕训练比睡眠训练更神乎其神。没有人知道用什么鬼办法才会有效，所有相关文章你就得看上 459 篇。

基本原则是什么

一般情况下，等孩子长到一定阶段，你就可以鼓励她用便盆。如果尝试得太早，孩子做不到，因为她已经习惯了带着自己的便便到处晃，所以需要你来引导她，帮助她理解坐便器的好处。

所以，你要买一个很好玩的小便盆，放在真的坐便器旁，然后让她有跃跃欲试的感觉："这个拉便便的地方真酷！你的朵拉小便盆！"

接着你就观察，看她会不会偶尔用它："怎么样？想不想当个大姑娘，在朵拉小便盆里拉臭臭？"

如果她用了，你就小题大做一番："哇！瞧瞧！你在便盆里拉臭臭了！天哪，太棒了！"

慢慢地，你鼓励她不穿尿布，让她学着用便盆。久而久之，她想"上厕所"的时候就会自己留神，然后你就开始了充满"意外"的生活。

听起来这要花一段时间？

是，也不是。有可能会，也可能不会。这正是问题症结所在。每个孩子都不一样，就如同睡眠、吃饭或其他，家长的取经之路可能会有长有短。就像我之前刚说的，你还是多看看这方面的资料吧。以前我给我女儿进行如厕训练时，我看过《周末如厕训练》，但我现在发现，有好多书都敢承诺比这个用的时间还短。你去找一种试试吧！

第五章　男人与低龄宝宝

排泄沟通法如何？

排泄沟通的主旨就是宝宝用各种方式向父母表达他们想大便或小便的意愿，这样父母就不用给孩子穿尿不湿了。好啦，祝你好运！我的问题够多了，我可不想向人家解释我家宝宝怎么会在他们的洗脸池里小便。

底线

明白了吧？不管怎么着，如厕训练最终都会成功。

我的亲身经历：
妈妈群里的爸爸

作为全职爸爸，你得承认你需要和其他成人交流。对此，女人们找到了一套解决方案——"妈妈群"。通过这些群，妈妈们可以互相帮助，找些乐子，也让孩子们互动互动。是的，这里基本上都是女人。

我最初加入妈妈群是受一位妈妈的邀请，当时她也带着孩子在游乐场里玩。她对我说："嘿，你要是感兴趣的话，我们有个妈妈群，时不时会一起聚会。有时候，也会有爸爸参加！"这一句基本算是善意的谎言，如果我不极度渴望能有正常的人类交流，我可能就会放弃这个机会。但在当时，我已经快憋疯了，实在不愿意总待在家里，所以只能逼着自己去社交。我寻思着：也许还挺好玩的。而且孩子可能也确实需要和其他小朋友一起玩一玩。而且，有时候也会有爸爸参加。——你可以清楚地感受到我已走投无路了。

　　最开始的时候，有一次我去参加妈妈群的聚会，差一点就搞砸了。我把女儿放在婴儿车里推着她匆匆忙忙往一位素未谋面的妈妈家里奔去。我打算故意晚到一会儿，然后装得很自然，这样才不至于显得太迂腐、太迫切。瞧，我正好可以来，我就来了！我绝对是个很随和的人。什么事随便怎么样都可以！我们找到了她家，然后按了按门铃。就在这时候，我低头一看，发现我女儿睡着了。当时我就像是莫名其妙地进入了一个案发现场。什么样的怪胎才会带着一个睡着了的孩子去赴约？瞧着就很迫不及待吧？幸好，在那位妈妈来开门之前我摇醒了女儿。她邀请我们进去后，我女儿东倒西歪地和她家孩子在一旁玩了起来，我们大人也在一边聊了一会儿。大功告成！

　　不同的妈妈群会有不同的活动。我们那个群每周会约定去一位成员家，如果天气好，也会去公园。这就是说，六七个女人（和我）会带着自家的孩子去别人家里疯闹。我们会吃东西，也可能会喝酒，但总感觉比你想象中的"派对"少了点什么。由于低龄宝宝根本不在乎其他人，所以这几个小时我们基本上都是在应付谁偷了谁的玩具，谁又发疯了，期间也会夹杂一会儿成人间的谈话。这就足够了！

进妈妈群的好处

★ 成人采用语言交流，不扔东西。

★ 在妈妈群里，她们把孩子放到孩子堆不管，戏称这是"平行游戏"[①]，

---

　　① 平行游戏，两个或两个以上的幼儿在一起玩，但彼此之间没有互动，不设法影响或改变同伴的游戏，各玩各的。——译者注

和孩子各玩各的。

★ 可以练习交朋友（对你而言）。

★ 可以互相比较孩子，然后告诉自己你家宝宝并不比别的孩子讨厌。

★ 可以看看别人家是不是像你家一样乱糟糟。

爸爸预警！

不要作怪。在这儿，你可别告诉这些妈妈们你想出来了一条广告语（"爸比爱，你值得拥有！"），只是暂时还没有主体商品而已。这儿也不是你聊视频游戏和说你那些破烂事的地方。你可收住了。就算你只表现出来一丁点"女人堆里的怪家伙"的意思，都会让她们改变心意，把你从群里踢出去，拉黑！

小魔王：欢迎来到黑暗世界

低龄宝宝最主要的特点不是学步，而是做发脾气的小魔王。我想"小魔王宝宝"听起来就不顺耳了。小魔王是一群披着低龄宝宝皮的疯子，他们无所不在，会让你窘态百出、受尽折磨，从而得到他们想要的东西。

大家都认为你是个魔鬼

多数家长会千方百计地让小魔王停止发作。窝里横的小魔王很讨厌，但如果父母强势一些，还是可以应付的。可就怕在公共场合发作的小魔王，你又能拿他怎么办？大家都站在一边盯着，看你怎么惨败，然后责怪你没有管教好你家孩子，让他大吵大闹，毁了他们的美丽心情。可是，小魔王发脾气不是你的错！

当然，有可能是因为你忘了给他吃东西，或者忘了让他睡午觉，违反了午睡铁律。这两条你都忘了？哇，那还了得？

但是，良好的育儿怎么能容得下窘迫和尴尬。不受窘迫和尴尬影响的家长一定是战无不胜的。

大家都认为爸爸是笨蛋

几百年来，男人们享受着男性特权带来的种种好处：优先获得土地权、选举权、政权等。但是面对孩子的突然发难，这些权力就会冰消瓦解，而几百年的女性智慧和养儿育女的责任却会杀回来，让这些束手无策的爸爸们汗颜。

就算是再好的爸爸带孩子，一旦孩子当众发作，随处都会出现好管闲事的鸡婆们质疑他。她们自然而然地认定你和她们从电视上看到的那些爸爸一样笨，因此就会给你一些"额外帮助"。尽量保持风度地去接受她们的帮助吧！

她们会说："她看着像是饿了！""你还好吧？"如果你对此冷嘲热讽或者不高兴，那就充分证明了你是个大笨蛋，连怎么保持冷静都不懂。你应该默默地握紧拳头，礼貌地对她们笑一笑，就像所有妈妈一直以来练习的那样。

把你家孩子当成小穴居人

虽然小魔王发作不可避免，但很多时候都是因为他们想表达某种愿望和感受时没有被理解和满足，从而感到受挫和沮丧。关于这个问题的建议有很多。我很喜欢从《世上最快乐的学步儿童》^①看到的一种方法，这本书提议，可以把低龄宝宝当成小穴居人——不只是因为他们都穿连体衣。

这种观点认为，采用正确的方法可以让闹脾气的宝宝渐渐平静下来。

1. 和低龄宝宝讲话时最好使用简短的情感短语，就好像你在对穴居人讲话一样。只不过你要把"大天鸟吃妈咪"（穴居人），改成"你想要零食！你想要零食！你饿了！太饿了！"把他们的愿望用他们理解的方式反映出来。

2. 然后你再把你的意思解释清楚："但是爸爸没有零食！回家后吃零食。快到家了。然后吃零食！"那本书里管这叫"快餐原则"——其实我有些糊涂，因为这让我想起了《摩登原始人》里的自驾购。之所以这么叫是为了提醒你要重复"他的订单"（他想要什么），然后再告诉他"你的价码"（你想要什么）。

如果像穴居人一样说话还是不管用，你可以试一试传统爸爸的杀手锏——置之不理。大多数爸爸在这方面都很在行，用这一招来对付孩子当众发脾气、无理取闹一定会很得心应手。要知道，你不是一个差劲的爸爸，无论别人到底怎么想。

---

①《世上最快乐的学步儿童》（The Happiest Toddler on the Block），一本美国畅销育儿书，作者是小儿科医师兼儿童发展专家哈维·卡尔普（Harvey Karp）。——译者注

我这么有创造力，
可我家孩子的艺术天赋怎么这么差？

你不是不爱你家孩子，你很爱他。可他的涂鸦绘画……唉，真没看出有什么潜力。或者人家在唱《一闪一闪亮晶晶》的时候，你女儿却一直在尖声乱叫。是不是苹果从树上掉落的时间太长了，结果变成了梨？你家孩子的艺术天赋很差吗？

早期就是这样

嘿，你现在担心这个还太早。孩子此时正在学习画画。她学走路就很快啊！再说，就是人们常说的：练习、练习、再练习。孩子要学习去探索，常常会胡乱画一通，出一些错。

也许她还没找到她的艺术方向

谁能预料到缪斯女神会怎样亲吻你的额头，怎样眷顾你？你女儿貌似很喜欢踢球，没准她会是位舞蹈家！还有，她喜欢破坏东西，没准大规模组装才是她毕生努力的方向。当她喊着："不要美术！我讨厌美术！"，一边哭一边扔桌子上的画笔时，这难道不是奥斯卡最佳表演的雏形吗？

也许你靠得太近了

作为家长，你是孩子最重要的艺术导师。因为在她的创作过程中，你要配合剪裁形状或调配颜料。也许正是因为你离整个创作过程太近了，所以才不能很公正地看待它。也许她的作品比你想象的要好；或许你该给更多的人看她的作品，这样才能找到欣赏它的观众。拍个照来晒一晒吧！

也许你的艺术天赋并不好

有没有可能你家孩子像你，因为你的艺术天赋本身就很糟？即使是这样，那也有可能是因为艺术界不懂欣赏，你和你家孩子其实是艺术反思浪潮的先锋。

高挂的果子

但话又说回来，如果一切都那么轻而易举，没有奋斗与拼搏，世界会更美好吗？不会。拼搏才是价值所在，低处唾手可得的果子不是最好的果子。高挂的果子才是！你必须爬上树，或者搬架大梯子去够高处悬挂的水果。也许，你还得吃很多低处的水果，这样才能懂得它有多难吃。

也许正是这激发了你，明白首先要搭梯子！也许你就是那个搭梯子的人，而不是摘果子的人。正解！

测试：我家的孩子会是别人眼中的熊孩子吗？

简答：是。

一些讨厌孩子的人喜欢自命不凡，即使有一丁点婴儿的声音他们都会抱怨，说这破坏了他们自由自在的美好夜晚。反过来，有些家长不自觉，好像要把所有人都拉过来当他们家的临时保姆。所以，你到底是不是那种自命不凡的家伙，或者你带孩子出门只是想像正常人一样吃顿饭？

我这儿有一套小测试，可以帮你判定一下一家餐厅是不是嫌你家孩子讨厌？

1. 如果你没有特别喜欢这个小孩，你会特别讨厌他吗？

2. 如果把你家孩子换做是一个成人，他那样做有关系吗？

3. 你家孩子的手机游戏/视频的音量打开了吗？

4. 你家孩子是不是刚才在餐厅"跑圈"了？

5. 你家孩子有没有在和你一起用餐？如果没有，那他跑哪儿去了？

6. 这家餐厅点评的平均星数大于你家孩子的年龄吗？

7. 你总想把其他餐桌的客人拉过来看你家孩子在干什么吗？好像餐厅所有人都在参加什么派对似的。"嘟嘟在给你打招呼！他3岁了！"

8. 你家孩子有没有扔玩具？扔了很多次吗？

9. 你家孩子跑到桌子底下玩捉迷藏了吗？

10. 你家孩子在大叫吗?

以上问题,如果你的肯定答案是四个或以上,看来你把这次测试当真了!所以,是的,你家孩子太讨人厌了。回家去吧!

这小家伙怎么就不能乖一点?

你那么够意思:带她去游乐场,攀爬架的间隙那么大你也要保证她不会掉下来。你推她荡秋千,甚至还额外表演了"秋千下狂跑"的特技来哄她高兴。然后,你们还吃了冰淇淋。不是那种从什么杂货店冰柜底下挖出来的冰沙,你给她吃的可是好东西:草莓冰淇淋,上面还有新鲜的草莓。

听起来像是超棒的一天,该给你二十个拥抱,说"我爱你,爸爸"。然而,你到了咖啡馆想喝杯花式咖啡,她就开始大吵大闹。她刚刚压碎的那块橄榄油迷迭香饼干就要五美元!

这小家伙为什么就不能乖一点?

可他们就不能乖一小会儿吗?

不能,你就认了吧。听着很惨,但是育儿不是等价交换。不会"你做件够意思的事,他们就也做一件"。孩子会完全把你为他做的事情视为理所当然。你做不好就要受到惩罚。而你做好了也永远别想着他们给你记一功。想想你父母为你做的那些事吧。你有没有感谢过他们?明白了吧?

可我为他做了这么多

我知道！我理解你，朋友。我很遗憾！但你家孩子表现得那么像小阿飞，可能还真是你的错！可能是你做得太多了！也许是你把一天塞得太满，才导致了现在的失败。

爸爸们会出错的地方：男人喜欢多任务操作，讲究最优化，然后匆匆结束一天。可你要学会充分利用你家低龄宝宝蜗牛般的缓慢节奏，大可以慢慢悠悠地晃到游乐园，这需要半天，然后到游乐园玩耍再需要半天。低龄宝宝喜欢盯着地上的口香糖包装纸看，指一指流浪猫，摸一摸尖东西。他们就喜欢慢慢吞吞。所以你就放慢速度，享受这缓慢的节奏吧。

好东西不是给你的

也许你的要求太高了！我喜欢去喝杯咖啡，我承认我可能对花式咖啡很专情。没有宝宝之前，看到哪家咖啡店后面有个玩具厨房我就厌恶。但你猜怎么着：现在那就是专为你准备的！我现在会常常寻思着要不要去找个有儿童玩耍区域的咖啡店，不过那儿的那个假厨房估计早被别的邋遢小鬼们抢占了。或者去找个提供纸板书的地方，不过那儿的书被挑来拣去，常常没有封皮。试一试这些地方吧。

也许是你太在意

我就不可以做些成人想做的事吗？我真的很想。当然，你可以。你的问题可能在于你太在意别人了，你这个人太好了。别再担心你会破坏别人的好时光。你现在可是带着一个大嗓门宝宝的人。好好享受吧！

但如果你做不到不在意他人的目光，那你就没法去做你想做的事。起码现在不能。认命吧。

美好的电子时光

实际上，每个家长都会让孩子看一会儿电视，或者玩一会儿手机。关键是要记住那些善意的忠告，别给忽视了——限制时间，确定严格的界限。鼓励孩子多看书，多去室外玩。尽量这么去做。

逐步引入电子时间

随着孩子年龄的增长，可以给他们慢慢加入电子时间，但要确保他们有大量的时间去阅读和玩耍。

★ 0~2岁：不看电视。好吧，在你做饭或者打电话的时候，他们可以看一会儿。

★ 2~3岁：爸爸需要休息的时候，他们可以看一会儿电视。外面特别冷或雨特别大的时候也可以看一会儿。

★ 3~6岁：早晚特别电视节目和电脑节目，或者你做饭的时候、打电话的时候、需要休息的时候，或者外面太冷，或者就是那天很不顺。

★ 6~8岁：等到孩子这么大的时候，你可能会一不小心和他达成什么奇奇怪怪的电子时间协议。一旦确立好时间，孩子就会严防死守，想甩也甩不掉，祝你好运。但你永远都可以选择增加时间！尤其是当你需要抽时间做饭、谈话、思考、休息或做别的事情的时候，或者外面太冷、雨太大、天太热。

和游乐场上的其他家长成为朋友：
我一定要这么做吗？

"分享"

"友善"

"交朋友"

上面的建议对低龄宝宝来说挺合适，但对爸爸们来说就挺无聊的。有时候，你会不自觉地纠结是否要和社区游乐场上的其他爸爸们"交朋友"。答案好像应该是"是"，但让我们再好好琢磨琢磨。

半生不熟的危险

我是在一个很小的郊区小镇长大的，那儿时常会有些陌生人在开车经过的时候向你挥手，好像是为了证明他们很友好似的。现在我变成了一个疲惫不堪的纽约客，这样打招呼的情形会让我觉得很奇怪。如果让我碰上了，我会想："我认识这个人吗？他们为什么要占用我的时间，惹我生气？"

那么，如果遇到其他家长，你到底应该和他们熟悉到什么程度？

和其他家长交朋友：应不应该？

正面	反面
可能有些人还挺不错。你可能还会交到一位新朋友！	如果你们合不来，那你就会多一些点头之交，可能还得假装喜欢他们。
在这个世界上你不会感到孤单。	在这个世界上让你不会感到孤单的是手机。
你家孩子可能会交到新朋友。	如果你家孩子交了新朋友，你就必须去结交那位家长。如果你家孩子比你更擅长交友那该怎么办？

男人的烦恼

这就是为什么做男人也挺不容易的。我觉得女人之间好像更容易亲切友好起来。男人之间依然存在着那种大男子主义的愚蠢拘谨，每次遇见陌生人我们都必须去克服自己内心的不适。这让我们看起来显得有些冷淡、不友善，尤其是当你抱着小宝贝或者正在照看在游乐场玩耍的捣蛋鬼时，这样显得更傻气。

我记得有一次带女儿去图书馆听故事，当我看到那儿还有一位爸爸时激动坏了。好了，这下我们可以好好聊聊了！过了一会儿，我向他介绍了一下自己，他冲我点了点头，然后就撇下我去找他认识的一位妈妈了。是啊，心里有点刺痛。漏网的那条鱼啊……

别把他吓跑了

也许更合适的做法就是让那份拘谨随着时间的推移慢慢消化，直到不打招呼都不行为止。大概就像这样：

★ **第一次见到其他的爸爸**：谁知道这家伙住不住在附近？无视他。

★ 第二次：好，我知道了。这家伙就住在我家附近，还有一个和我家宝宝一样大的孩子。他和我的情况差不多！无视他。

★ 第三次：试一试"你好"或者点点头。表现得好像你根本无所谓的样子。然后：无视。

★ 第四次：试着说说暖场的话，比如："你家孩子多大了？"或者"我们又在游乐场遇见了。"然后尴尬地站在一旁。

★ 第五次：试一试这类话："你看，我不知道这么讲是不是有点奇怪，但我觉得我们俩之间可能有什么默契，只要我们能打破我们之间的这道墙就好。这不是很荒唐吗？住得这么近，境况都差不多，却有这样一道无法逾越的墙？我们拆了它，好好培养培养，让我们的友谊之花盛放！"要么就"嘿"，然后：无视。

爸友就像战友

就算最终他不是那个"唯一"，爸爸们之间的友谊也会随着时间慢慢成长。当你确信你家低龄宝宝不会和其他宝宝互相踢打时，和其他家长寒暄闲聊就显得没有必要。但随着孩子慢慢长大，你们就会渐渐变成坐在长椅上聊天的朋友，快乐地无视你们的孩子。你们就像是被困在散兵坑的伙伴，会有陪伴你们终生的情感纽带，因为你们共同经历了那些乱七八糟。

其他学步宝宝的父母：家长类型参考指南

品味此刻

当孩子还小的时候，大家会对你说："品味此刻。"

品味此刻。品味每一个珍贵的时刻！孩子长得太快了。品味每次拥抱、亲吻，甚至哭泣。

品味穿尿不湿的时光。他们很快就学会走路了，所以要品味爬行。品味闹脾气，品味大喊大叫！

品味抱怨，品味上周才买回来就摔坏了的玩具。请不要生气！试着去细细品味一番。

品味、品味、品味！品味每个该死的时刻，你这个不懂感恩的家伙。你希望孩子早早睡觉还是品味他醒着的每一刻？我不知道你到底明白没明白这"品味"二字。

品味孩子带来的一切！品味头发被抓乱的感觉，品味踩到乐高尖角的感受，品味不睡觉的日子。给自己涂上一层厚厚的品味之香，再往腿上泼一杯滚烫的品味之浓汤，然后站起来四处抖一抖。要保持微笑，你这个不懂得品味的家伙！感受品味之泉浇灌你的全身，仿佛自己就是那盘子里的烤猪，浑身涂满了品味的酱汁。

啊，品味此刻。

发育指标：我家的低龄宝宝怎么样了？

我家的低龄宝宝怎么样了？他们仍然有很多有趣的发育动态。

★ **低龄宝宝可以自己走路**，但他们喜欢有同伴。

★ **低龄宝宝开始会跑了**，但你肯定能跑过他们。

★ **低龄宝宝可以踢球**，所以该重新修订球类运动的法则了。

★ **低龄宝宝会幻想了**，比如幻想自己永远都不用上床睡觉。

★ **低龄宝宝喜欢其他孩子**，甚至隔壁的那个叫特雷弗的熊孩子。

★ **低龄宝宝会模仿别人了**，但他们还是萌萌的，胖嘟嘟的。

★ **低龄宝宝可以根据形状和颜色分类**，但他们还是不懂得回收。

第 六 章

男人
与
小小孩

开什么玩笑？小小孩很好带！

你家宝宝长大了

还没等你反应过来，你家的低龄宝宝就要去上学前班，学读书写字，爱你的平板电脑胜过爱你，想想真是可怕。他现在翅膀硬了，已经迈出了长大成人的第一步，就要离开你了。不过，别担心，至少现在他还只是个小小孩——这个时期的他仍然很可爱，也会以新的方式令你无所适从，让你恼火抓狂。不过大家喜欢这么大的宝宝。

有什么理由不喜欢呢？小小孩的体格大小正适合带着到处转。他们会不停地问问题，充满了好奇心和求知欲。很适合带着去参观博物馆、上音乐课，还有……吃早午餐？

嗯……博物馆、音乐、早午餐……听着有点熟悉？朋友，你以前的生活又回来了！算是吧。

我用不用担心孩子说怪话？

不用。我从来就不喜欢说话像大人的孩子："天哪，约翰逊太太，狗当然可以算是有趣的动物了！"快打住吧，孩子。这群早熟又多事的小家伙们，以为他们说话溜就多了不起似的。如果让我看见一个穿小背心、打领结的小屁孩，我就想上前去敲他脑门，让他知道谁才是老大。

我喜欢孩子就是孩子的样子。孩子长大成人的一个最明显的标志就是他们开始正确表达了。真是令人心痛！

还记得你的低龄宝宝说"爱鱼"时，只有你和你老婆才明白他其实是想说"鳄鱼"，他把那只鸭嘴兽毛绒玩具当成短吻鳄了。太可爱了。

或者他说"碰啊"是指"瓶子"，"八哇"是指"拜拜"。所以，如果他掉了奶瓶，他会说"八哇碰啊"，然后开始哭。真是可爱。

或者他把狗说成"鼓"？把"出租"说成"蛐蛐"，把"蛐蛐"说成"出租"，听着像是他想打个蛐蛐，养只宠物出租。太好玩了！

而现在，突然他可以正确表达了。"书""玩具"，还有"我生气了"。感觉他几乎……都长成大人了。

看来大家对胡说八道过于贬低了。那样很可爱啊！他们可以就这么可爱一段时间吧？不管什么时候我都愿意听她叫我"爸爸"，而不是"父亲"。

所以，我觉得还是抓住他们的稚嫩时光吧！让他们说着混乱不清的词语大杂烩，直到他们可以独立生活，对着他们的宠物出租说"吱吱唧唧"。

学前班：美妙的自由时光

也许你请过保姆、临时看护、亲朋好友等各路人马，就连自己也全职在家照顾宝宝，可现在你必须回去上班。

孩子该上学前班了。

学前班比你好

把自己的孩子交给别人来管，做这个决定一定很难。但幸运的是，这些人远比你有耐心，他们会教你家孩子唱歌、绘画，还有分享。当然，这意味着你和孩子待在一起的时间会变少，不过说实话：学前班是你的改良版。

★ 学前班有美术用品，不只是打印纸、没洗干净的酸奶盒，还有一堆杂志。
★ 学前班有健康的零食，而不是"你的半个松饼"。
★ 学前班有用心的老师，而不是只顾玩手机的你。

也许我对你有点太严厉了。你也努力过了，谁都有敷衍的时候。但不包括学前班老师，他们不敷衍。

送孩子上学：怎么都是输

很多小孩都有分离焦虑症，这让你在每次送他们上学的时候都会紧张害怕。这十分正常。最好别把这和电影《苏菲的抉择》相提并论。老师把孩子从你胳膊上硬往下拉的时候，他大喊大叫、拉你拽你，这和女主角梅丽尔·斯特里普把她的孩子交给纳粹完全是两回事。这些老师不是纳粹，他们有趣多了。你本来还想跟孩子说："没关系的，今天你会玩彩泥！"但你知道，你必须尽快离开，并要相信他会平静下来。

又或者，你摊上了那种很少会回头说"再见"的孩子，飞奔着就去和其他孩子玩了，连一句"再见，爸爸"也没有。也许这样会更让人心痛。毕竟，你会想念这个小捣蛋鬼。你从窗户偷看一眼：他正和小伙伴略略大笑呢。唉，完全把老爸扔在了一边。

长大后的异想天开

现在孩子会说话了，可他到底在说什么鬼话？语言习得的过程还真是惊人。随着孩子对世界了解得越来越多……好吧，我只能说"童言无忌"。

他们有很多奇奇怪怪的想法，因为他们还不懂世界是怎么回事。现在既然他们可以表达自己了，那我们就看看他们到底在说些什么。

"小印可能就在博物馆里！"

孩子不理解死亡。我们家的猫叫小印，它死后我女儿问我：是不是我们的宠物猫现在在博物馆里。她的逻辑是：恐龙死后被放进了博物馆。所以小印是不是也在那儿呢？

孩子脑子里没有死亡的概念，也理解不了。

"但是我就想要它！"

孩子不理解希望和现实有什么距离。他们还不懂心痛是什么，他们从来没有经历过加班、旷工或者失业，他们从来没有读过心灵励志书。他们觉得想要什么通过不停地央求，使劲撒娇就能实现。

"是你害我绊倒了！"

孩子不理解因果关系或责怪的概念。他们的头不小心撞上了游乐场的围栏，就会责怪围栏。或者在跑向你的时候摔一跤，然后就责怪你。不过话又说回来，人们在面对大多数令人失望的生活选择时都会怪父母，所以说孩子可能还怪得有些道理。

"好的！"

孩子不理解"不"这个词。他们总爱说"不"，但不喜欢别人对他们说"不"。

"六毛八能买什么？"

什么也不能。你什么也买不了。你可要当心，教孩子理解金钱的价值这想法看似不错，但是他们一旦明白后，就会意识到你有多小气。

你曾经的平板电脑

你曾经有一台平板电脑。现在，好像变成了你孩子有一台。你再也见不着它，即使见着了，也是没电，要么就是脏兮兮的。你的又一台酷装备已沦为沾满果酱的破玩意儿了。

小孩子都喜欢玩平板电脑和智能手机。看到他们低头弓背地拿着这些电子设备，没头没脑地用手滑来滑去，浑然忘记了周围的一切，真是让人嫌恶。谁会喜欢这样的场景？

趁你的电子设备还没有沦为当爸爸的另一样牺牲品之前，好好管一管。振作点，老兄！

育儿的隐性恐惧：磨蹭

当父母最害怕的就是孩子自始至终的磨蹭。人们往往低估了它的厉害，大都把注意力放在了脏尿布、哭闹、哼唧和发脾气上，然而磨蹭更加能够折磨得要人命。

磨蹭让最基本的日常活动都变成了令人挫败的持久战。就连出门也变成了史诗级的战斗。光是准备上床睡觉就要准备一整晚。这原本应该很简单。就拿穿睡衣来说，没什么啊，对吧？步骤很清晰明了。

★ 1. 脱掉身上穿的衣服。

★ 2. 穿上睡衣。

但对于一个磨蹭的孩子来说，会有以下步骤：

★ 1. 脱掉衬衫。

★ 2. 把衬衫扔在半空！

★ 3. 试着接住衬衫。

★ 4. 我肯定能接住，只要扔个十几二十次！

★ 5. 哦，衬衫挂到上边的架子上。耶！该英雄出马了！

★ 6. 把衬衫拉下来，再把小龙带下来。莉莉，从架子上下来。哦，不！莉莉！莉莉，对不起啊！真对不起，莉莉！你没事吧，莉莉？我给你抱抱，莉莉……

★ 7. 记号笔！这些记号笔我都放在地板上好几周了。我要画点什么。

★ 8. 有没有纸，爸爸？

★ 9. 爸爸刚才说了什么。哦，"换上你的睡衣"。我就在换啊。

★ 10. 脱裤子。如果不脱裤子能不能把内裤脱下来？有可能！

★ 11. 裤子卡在我脚上了。

★ 12. 跳鬼步舞，跳啊跳。滑冰，绕着家里滑一圈。

★ 13. 哎哟！我摔倒了！怎么会这样？为什么，为什么，为什么？！哦哦哦！哇哇哇！

★ 14. 脱掉了裤子。

★ 15. 我脱光光的啦。跑啊，跑啊，跑！我光溜溜地跑，绕着家里跑一圈。

★ 16. 穿上内裤。穿上睡裤。

★ 17. 上衣卡住我的头了。我看不见了！我看不见了！我胳膊卡住了。我变成了僵尸。植物大战僵尸开始了！

★ 18. 我踩到什么东西了……哦，不，莉莉！对不起，莉莉！

★ 19. 完全穿好睡衣了。

感觉怎么样？

你想象一下生活中的日常活动都像这样，那该多好玩。孩子觉得好玩，家长觉得恐怖。

磨蹭最要命。

孩子见到好玩的感到害怕该怎么办？

有时候孩子不想玩好玩的东西，是因为它很可怕。真的假的？那个小滑梯可怕吗？

我记得我小时候，家里有些书我就很害怕。其中一本就是《艺术史》，我看到中世纪画家希罗尼穆斯·波希作品中有恐怖的鸟人，还有把人活埋在地狱的画面。真是恐怖！不过波希确实想表达恐怖的意象。可是有很多莫名其妙的东西也会把我吓坏：

★ 莫里斯·桑达克①的《皮埃尔》中的那个强盗。尽管他很快被一头狮子吃了，可我还是怕极了强盗。

★ 莫里斯·桑达克的《鸡汤拌饭》中的风，它有一张张很恐怖的脸。

★ 莫里斯·桑达克笔下长着羊脸的野兽……你还别说，我觉得莫里斯·桑达克真是把我吓得够呛。

总之，小孩会害怕很多你意想不到的事情。比如：

★ 你母亲

★ 一堆衣服

★ 有人突然说了句"嗨！"

★ 那个亲切又完美的临时看护

★ 你买的那个超级贵的玩具

★ 壁橱

---

① 莫里斯·桑达克（Maurice Sendak），美国著名的儿童文学作家及插画家，在作品中塑造了很多稀奇古怪的角色。——译者注

★ 大狗

恐惧很不理性。人们成天担心恐怖主义，而他们真正应该担心的是自己的胆固醇水平和交通事故。

但是恐惧给了爸爸们可以发光的机会。这就是我们所谓的双赢。

传统守旧的回应："有种一点！"

有时候孩子不需要有种。真的。有时你直面恐惧，或者你最爱的人对你的恐惧不理不睬，才是让你战胜恐惧的方法。你可能会很冷酷地对孩子说"去克服"，但你要知道历史上有无数的英雄好汉，他们正是凭借着坚毅的决心和能力，将恐惧深深地埋藏在心里，最终才成就了这个伟大的国家。

新好爸爸的回应："会好起来的。"

温柔、体谅、承认孩子的感受，这就是新好爸爸。被聆听、被尊重的感觉当然很好。我并不是一直都能做到这样，但当我真的做到的时候，那种感觉就像是战胜了一种根深蒂固的传统遗毒。我可不可以说只有恐惧本身才恐惧？

如果一种方法不管用，就试一试另一种方法。很快，你旁边就会多一位喜欢寻求刺激的小小冒险家。如果孩子什么都不怕，她就会错过尝试很多事情的机会。

怎么办？我家孩子成了小囤积狂

对于孩子而言，清除是一个陌生的概念。否则他们怎么会那么喜欢那些从生日派对上弄来的烂塑料口哨？瞧瞧他们都收集了些什么垃圾。你有没有看过那个关于囤积狂的节目？就是那个《强迫性囤积症患者》[①]。

在《强迫性囤积症患者》里，节目组会走进一个看似平常的家庭，可他们的房间里却塞满了一大堆一大堆的报纸，即使没有报纸的地方，也会有几只猫的尸体。已经坏了很多年的冰箱里塞满了装蛋黄酱的旧瓶子，牌子都老掉牙了，有的甚至叫"布朗森先生的奇妙蛋黄酱"。

幸好，他们请来了一位专家，让他来评估一下现场状况。这位亲切、善解人意的专家很耐心地翻了翻囤积狂的"收藏品"，并向囤积狂保证若不经过许可，他什么都不会——什么都不会扔掉。

接下来，一名工作人员开始扔这里成堆的垃圾。垃圾其实就是囤积狂很宝贵的"收藏品"。这下完了，信任没了，说好的什么都不会扔的。然后囤积狂就开始抽泣，大发脾气。

听起来耳熟吧？

回到美好的旧日时光

过去，孩子只有一个宝贝玩具，比如说一个手工娃娃。孩子会把它当成宝贝一样，直到有一天克里克·多恩把它拿走了。然后爸爸会截一段已经生苔的木头，做一个模样有点忧郁的"娃娃2号"。

啊，多么美好的旧日时光啊！一个忧郁的小娃娃，正好你家一室半大的公寓能容得下。

----

① 《强迫性囤积症患者》（Hoarders），美国一档介绍各种强迫性囤积问题的节目。——译者注

男人与孩子的对决

任何东西都可能成为一个"收藏系列"

现如今，小孩子随时都能搜罗来各种物件。任何一组物品都可能成为一个"收藏系列"。这类物品包括：

★ 生日派对礼品袋

★ 名片、塑料搅拌吸管、熟食店的餐巾纸

★ "艺术"作品，以及其他在"创造时期"被误导所创作的作品

★ 永远不能丢弃的礼物，即使从来没用过

★ 快递盒，里面曾经装着你订购的东西，那些东西可绝对不是垃圾

你将永远留存这些垃圾

你还有一盒垃圾放在你父母家，为此他们一直在烦你，不是吗？他们也太大惊小怪了吧，不是有那么多房间吗，但这些好比是筹码。就像你永远不会去拿你的那个盒子一样，你的孩子也永远不会扔掉他的那些东西，他们会一直跟着你，你想甩也甩不掉。就这样：一盒盒垃圾将会永远地留在你家。

怎样才能把东西扔出去

《强迫性囤积症患者》给我们的主要教训就是：如果你想扔东西，最好悄悄扔，背着囤积狂扔。这种方法对你家的小囤积狂同样适用。

★ **不要回收利用**：我都记不清我女儿搞废纸回收捡回来多少件"艺术作品"，就因为我害怕破坏生态，就罔顾了基本常识。你应该直接扔进垃圾箱，一了百了。之后你再想着保护环境吧！

★ **捐赠婴儿用品**：有些孩子可能好说话，你可以说服他们把一些旧玩具捐出去，也可以送给你认识的宝宝。可我女儿从来没把这些"宝宝"放在心里。不过，也许你比我会哄孩子。

就像《强迫性囤积症患者》里面的情形一样，针对囤积这个问题大人干预的效果有好有坏。如果你运气好，你家小囤积狂会慢慢领悟到极简的价值，只保留那些让自己欢喜无比的东西。但大多数小囤积狂们还是会继续深受其害，直到他们长大离家后，你就可以把他们的东西扔了，然后把他们的卧室改成一间手工艺室。祝你好运。

怎么办？我家孩子看起来像个小流浪汉

你家孩子会有一件他特别喜欢的衣服，怎么也不愿意脱下来。慢慢地，衣服上就会出现一股奇怪的味道，看着也脏兮兮的，你怎么看怎么不舒服。哈，你家出了个小流浪汉。

疯狂的公主

我女儿经历过一段很严重的公主迷时期，怎么也不愿意脱下那条紫色公主裙和那顶紫色公主帽。不用说，这些上面都有精致的蕾丝花边，用特质的面料制成，不能水洗。久而久之，裙子开始呈现出某种流浪汉的气质。绸缎变成了棕色，上面永远都粘着吃的，蕾丝也破烂了，后面的扣子也扣不住了。这哪里是什么美丽的灰姑娘，分明就像女巫希尔达。一阵流浪气息迎面袭来，美丽的公主样子早就磨得没影了。

可问题是她压根不在乎。小家伙们心里想要什么就是什么。她照着镜子，根本看不到污渍和污点。她就像一个丑老太，对着她的宝贝魔镜，从镜子里看到的永远是一位年轻漂亮的姑娘。

而这时你们要是去宜家店，那里所有的家长都会盯着她看，给你白眼。他们都在买桦木纹家具，哪里会懂小家伙的审美？

超（脏）人

男孩们也不省心。万圣节过后，你会常常看到有小男孩穿着恶心的超人装到处跑，他爸妈也毫不在意，也可能是懒得计较。可如果正义联盟看见了难道不会说："哥们儿，你洗一洗这件超人服吧。汰渍是你的最爱吗？你起码也洗一洗外边这件红内裤呀。"

每天都是万圣节又如何？

话说回来了，爱谁谁！如果你有孩子，就让他们奇装异服穿着玩吧。对我而言，没什么比一个孩子西装革履更可悲的了。让孩子去疯吧！他后半辈子都要做企业律师，所以就先让他当几年蜘蛛侠吧。

但是如果你担心这会有损你的形象，十分介怀，那我这里倒是有几招可以帮你"对付"这帮迷你邋遢鬼。

有尊严地玩装扮

你还记得以前和你爸爸玩装扮吗？

不记得了？哦，那是因为以前的爸爸们要讲尊严。他们会藏在报纸和烟管后面，很难接近，更别说让他们去扮公主、警察和消防员了。尊严——以前成年人讲究的就是这个。不过可别跟冷淡、缺乏情感关怀、清高混为一谈。

但现在不同了：你可以在脖子上围一个粉色围脖，头上戴一顶皇冠，再给嘴唇涂点紫色唇膏，瞧，多漂亮的公主。你要做新好爸爸，不要害怕多元素混搭，放轻松点，玩得开心点。好了。看来讲尊严是不可能了。但怎么玩装扮不会让你感觉像个大傻瓜？

自得其乐：改编故事

你家闺女看过很多公主故事，她知道一般都是王子来救公主，而我通常喜欢扮那个住在地窖里的怪人，看似恐怖实际上很可爱。或者扮演公主2号，在去城堡的路上迷了路。把故事编得离奇一些！"打扰一下，公主殿下1号，我想找个城堡，那儿的墓穴里有个杯型蛋糕店！"

入乡随俗：完全投入

为人父母有时候就是孩子让你做什么你就做什么。在即兴表演中，我们把这叫做"捧哏"。顺着你搭档的想法推进你的表演。他想让消防员和警察混在一起？当然可以，加油！把你漂亮的波士顿口音亮出来，好好配合，学消防员大喊："哈佛书店那儿发生火灾了！火势现已从联邦大道蔓延至肯莫尔广场！"

被困在塔楼或别的什么地方

觉得累了？今天没有心情全力参演？你要知道，任何的装扮表演改编一下都可以有一位被困（懒怠）的家长：王子被关进塔楼里了，运输工程师被锁在了控制室，妖怪需要在沙发上坐一会儿。让营救变得困难一些，这样你才能偷空休息一下——"山怪需要玩一会儿推特。"

圆了儿时的梦想

你不是一直都想成为美丽、优雅或才华横溢的人吗？也许你一直的梦想是成为舞蹈家——那现在就舞起来吧！孩子很少会有批评性意见，也很容易被你的全情投入所打动。你就引吭高歌，纵情舞动吧！摆脱掉桎梏，尽情去玩吧！孩子永远不会像现在这样盲目地爱你。

哎呀不妙，你现在变成了一个超级大骗子

当然啦，你永远都不会对你家孩子撒谎！我也是。只不过……有时候你得夸大其词，才能不动干戈地让他乖乖听话。如果称这些为"谎言"有些言重了，但它的确是谎言。算了，我们就叫它们"另类事实"吧。这些小谎可以帮助你给轮子上油。但你要小心了，这些招数可不能使用过频。

"我要走了！"

孩子不想离开公园和商店，所以你会说："好吧，那我走了！拜拜！今天晚上你就待在这里吧。"但你从来没这么做过。刚开始几次这招可能还管用，孩子害怕了只好顺从。但有些家长总是用这一招来威胁，结果很快就失去作用了。

孩子知道这都是骗人的鬼话。

★ 家长："我要走了！"

★ 孩子："好吧，一会儿见！"

★ 家长："我可走了！"

★ 孩子："好，你刚说过了。那我就和这些陌生人待在这儿好了！"

★ 家长："我可是说真的。那一会儿见。"

★ 孩子："好，知道了。我知道你是认真的，你要不走就是个大骗子。拜拜！"

少用为佳！

"再5分钟"

5分钟的感觉可以视情况而不同。挨5分钟揍和吃5分钟冰淇淋的感觉完全不同。因此，我会充分利用时间的灵活性为自己行方便，尤其是在孩子还不会看表之前。

★ "再5分钟"=2分钟，然后离开这无聊的图书馆。

★ "再5分钟"=30分钟，你要和其他家长聊天。

★ "再5分钟"=5分钟，之后再5分钟。所以就算10分钟吧。

趁着时间还掌握在你手上，就好好利用它吧！

"我没有钱"

孩子不知道赚钱是怎么回事；不会投资，还光想花钱买这买那。在他们弄明白你为什么总要带钱包之前，你可以说，你没有钱。其实我这么说的时候，意思就是"我没有钱给你花"。

我没有钱买零食。

我没有钱买玩具。

我没有钱捐给濒危的动物们。

一旦他们有了钱包的概念后，可能就要"挣"零花钱了。那也好，就让他们花自己的钱吧。

撒谎不要紧，不会造成永久性伤害

至少我在网上看的一篇文章是这么说的，后边的内容我没看。反正，很多事情都会造成永久性伤害。难不成撒谎说"没有蛋糕了"会造成什么严重后果吗？

不可能总讲真话

其实，也不是。其实，我在说谎。瞧见了没，看看不撒谎有多难？别太钻牛角尖了，别总是纠结哪些谎可以撒，哪些不可以。这完全是把婴儿随洗澡水一起倒了，因噎废食，得不偿失。更何况连洗澡水都没有。

孩子想帮忙，可是越帮越忙

孩子喜欢"帮忙"，他们"想"帮忙。乍一听，这很好啊！可实际上很让人抓狂。因为小不点儿们还不会做事，让他们帮忙还不如你自己做了更简单。但是，好的父母会满心欢喜地和孩子一起烤无麸质素食杯型蛋糕，其乐融融，活像一家开面包店的。如果是想清理车库，或耙地或干点别的什么重活儿，好爸爸可能会和孩子一起高兴地耙地，借机向孩子灌输劳动的价值。

是的，孩子们很可爱。是的，看着他们跃跃欲试的样子很好玩。但是，如果你真的想做些什么，老兄，你是不想让孩子过来掺合的。

好吧，过程很重要。可比结果还重要吗？其实你也明白，让孩子帮忙意味着你做的不只是一件事。你是在和他情感交流，在教他生活和生存之道。这当然很重要。再者说了，你说不定还真能烤一块高颜值的蛋糕，而不是那种一看就糟心，一看就是被熊孩子踩躏得根本没法吃的蛋糕。

给他们派些无关紧要的事情做

扫车库？那总得有人去组织回收，没准还需要用颜色编码。耙地？孩子们最适合捡柴禾棍。我想说的是，一般都会有一些无关紧要的零碎活儿可以派给他们做，这样就不会耽搁你干正事了。而且，表面看上去很忙，难道不是一项很重要的技能吗？

给他们派一项特殊任务

或者，你也可以给孩子派一项"特殊任务"，让他把面粉和糖拌在一起，或者派一项"特殊"但偶尔才需要做的任务，比如，把水从一个碗里倒入另一个碗里。

如果你家孩子真的很会帮倒忙，那你就说"做完了"。是的，就这么说。如果客厅用吸尘器只清理了一半，你可以说"做完了"，一直等到他失去兴趣，去烦他妈妈了，你再接着干剩下的一半。

别扼杀了这只下金蛋的鹅

如果你家孩子一定要帮忙，你又感觉实在无力招架，这时候你就想：

这是一项长期计划。刚开始："帮忙"；接着：干家务；然后：兼职工作、全职工作、赡养你安享晚年。所有这一切都是从你闺女不会用垃圾桶开始的。可千万别扼杀了这只会下金蛋的鹅！

有趣且崇高的谎言

相比"奶奶永远活在我们心里"这样的谎言，圣诞老人的谎言更有趣，且目的比较崇高。小小孩喜欢魔幻的东西。他们会在平淡无奇的生活中看到魔法。"快看，一艘漂亮的船！"他们会指着比萨饼店里褪色的壁画惊喜地喊，大人很喜欢孩子这一点。

你想让孩子只相信现实，放弃各种魔幻的想象，坚信神秘事物不存在吗？如果你不接受圣诞老人是个活人就会是这个结果。其实吧，圣诞老人就像一个快乐的老精灵，他会带来很多礼物。而对于孩子来说，对于礼物的期待可以算是最美妙的经历了。

让孩子敞开心灵，不要扼杀他们的魔法世界。

让魔法故事真实可信

也就是说，我要让我的魔法故事得到别人的信服。

圣诞老人的故事已经快有点说不通了。人们对于圣诞老人编得过火了，为了听起来可信，给他加了太多的戏码：

★"是的，他住在北极。"这就是为什么我从来没见过他，好吧。
★"他乘坐着神奇的雪橇，会飞的驯鹿拉着他到处跑。"嗯，好吧，驯鹿讲得通……而且我想他要在很短时间内赶到世界各地必须得会飞。

★"还有，他啊，会带着小精灵们为你做的礼物从烟囱里爬进来。"哎，好吧，现在你算是把牛皮吹破了。

这就是为什么我觉得架子上的小精灵①是很糟糕的圣诞节衍生物。如果你是因为魔法和送礼物而撒谎，那这谎话也算值了。可你要是为了让孩子乖乖听话，告诉他们侦查精灵一直在监视他们，那么我们就退回到桥底下山怪的那个级别了。

这些打小报告的小精灵是圣诞节的又一败笔，把这些置于重要位置，会慢慢破坏掉整个魔法的味道。

至于牙仙子故事，它至少有一条可信的任务说明——"带走牙，放上钱"——这样一来就不会有太多疑问了。你没用的旧牙齿不见了，你还有钱拿。这就完了。这种谎言很容易信以为真。没有理由干吃枣还嫌枣核大。

可复活节兔就有点难了。我想不出有什么理由要把复活节兔说成真的，可老婆已经把它说成真的了。我不想让女儿太纠结这个问题，以免我们神话般的纸牌屋从此倒塌。复活节兔根本就讲不通。它为什么会来送彩蛋？为什么复活节兔要给我们家孩子送一篮糖果？它的动机是什么？嗯？如果兔子有魔法，那它为什么不用法力给自己变一堆胡萝卜呢？

该让圣诞老人下线吗？

你还记得当你意识到世界上根本没有圣诞老人、没有复活节兔、没

---

① "架子上的小精灵"源于2005年出版的美国儿童图画书《架子上的小精灵》。故事内容是讲在圣诞节前夕，圣诞老人会派侦探精灵去每家走访，然后向他汇报孩子表现乖不乖，听不听话。——译者注

有牙仙子时的情形吗？你还记得当你意识到魔法就是骗人的伎俩，所有人都只是一摊血与肉，而你过得这么惨只能怪你自己吗？

还没到这个地步？我是不是扯远了？

不过，到了一定的时候，你就会来到一个岔路口：该不该让圣诞老人下线？孩子懂得那么多，该不该毁掉圣诞节？

不！是要变得更会撒谎

你可以下两倍的功夫继续编织谎言，如果运气好，你就能让圣诞老人的故事延迟下线，推迟孩子的成长。她越大，你越要编织更完整的故事来推迟那个必然的结果。你可以借助一套阴谋论，编一个天衣无缝的谎言，至少也要听着合理。又或者，你可以用事实（"我就是圣诞老人！"）结合谎言（"但别告诉你妈妈……她还不知道"）的方法让她再信上一年（"我在执行一项秘密任务……拯救世界"）。

长期"诈骗犯"

不过，我闺女有些时候倒让我很惊讶。写这本书的时候她 10 岁，对于圣诞老人的谎言，她比我预期的多信了两年，也多拿了几回牙仙子的钱，最近还从复活节兔那儿收到了复活节糖果。至少，她演得很像：貌似还担心我家刚养的猫会吓跑复活节兔。

我和我老婆有可能已经上了这位长期"诈骗犯"的当，不断给她送礼物、糖果和钱。她知道我们不想知道她知道只要相信有圣诞老人，就有礼物——希望你能懂我要表达的意思。这也就是说，我们仍然有个孩子，一个大孩子。虽如此，但也是个孩子，而不是一个愤世嫉俗、会揭穿魔法的小少年。也许她自己也没准备好长大。

我注定是个暴脾气爸爸？

很多东西现在都不像以前那样流行了：带犄角的帽子、将船棺放火点了、暴脾气等等。以前你还会因为有个火爆脾气而得一个很拉风的外号"凶神埃里克"。人们会说："算了，这个城堡还是让给他吧！我可不敢惹那个家伙。"

可现在，发脾气是会遭人鄙视的，不发脾气却又难如登天。有可能是因为遗传基因，也有可能是睾丸素在我健硕的身体内疯狂奔流，我很容易就会生气或者大吼大叫——就像我爸。

其实我爸人很不错，可是只要我和我弟胡闹得厉害了，他就会大发雷霆。他会闯进我们的狗窝，看到我俩从沙发上玩跳水游戏，就朝我们吼："这里不是体育馆！"我想很多的传统爸爸都是这样。他们也不会去打孩子，只是他们会让自己不满的情绪蓄积起来，然后一下子爆发。

因此，可以说我继承了他的脾气，还有他老掉牙的笑话。可是，我想做得更好一些。有没有办法做个不怎么发脾气的爸爸？

记得要深呼吸

经验证有效的方法是：深呼吸。记得让自己深呼吸。退一步，让自己和不理智的情绪拉开距离。开始大家都会对你说"呼吸"。有时我听见别人这么说，我会想：我当然在呼吸啊！！！！！其实这么想就说明我还没有深呼吸。冷静一下，深呼吸。

他们不是想让你不好过——他们是自己不好过

我真希望我早点知道这句至理名言："他们不是想让你不好过，他们是自己不好过。"换句话说，孩子不是拼命地想做个混蛋，他只是自己不好受。给讨人厌的行为找个邪恶的动机很容易，但也有可能你家孩子就不是什么"坏种"。他只是想吃零食了。

像疯子一样笑吧

有时候，当我实在无计可施的时候，我会用我的喜剧感来化愤怒为快乐。"为什么是我？我到底做了什么要遭这份罪？哦，天哪！"我会以很夸张的方式沉溺在自己的悲痛里，夸张的样子都把自己逗乐了。这可能听起来有些神经质，但确实管用。

大家一起来疯吧

你家孩子是不是会胡闹惹你生气，比如说一遍又一遍地敲打柜子？你也去试试！可能是你太死板了。吵闹也可以是一种很不错的情绪宣泄方式。试试和她一起敲一敲。现在不是你急着完成工作的时候。释放自己，和她一起疯闹一会儿，有时反而能让你静下来。

起身，闭嘴

有时候，让我慢慢消火的方法就是停止说话。如果你不说话了，你自然就不会吼。而且我发现有时我会越说越生气，越说越要爆发。这个时候，我就会选择闭嘴，起身，让自己离开几分钟。休息一下总没关系吧？

我想，你永远都不可能彻底告别吼叫。孩子确实太让人受挫了！但你可以想办法改进，可以努力变得更好。

留大胡子的酷爸爸

不管什么时候，只要我看到一个酷毙了的爸爸留着精心修剪的胡子，我心里就不是滋味。如果我更努力的话，是不是也可以做个酷爸？我们都在努力去做个酷爸，但只要有这些超酷的爸爸在，就会让我们其他的爸爸很难堪。而且，他们也不肯跟我们玩，死活都不肯。

老式酷爸与新式酷爸

过去，"酷爸"就是那种会把孩子扔进游泳池或者喝多了会让孩子烧东西玩的爸爸。而现在，酷爸和那些没当爹的酷小伙别无二致。我不是要抱怨什么时髦达人，只是我无法对那种没有爸味的爸爸产生好感，搞得他们还跟有型的咖啡师似的，只是多了个孩子而已。带宝宝的咖啡师：这种表演谁想看？

留大胡子的酷爸爸

当我看到一位蓄着萨尔瓦多·达利①同款八字胡的爸爸搬进我们社区的时候，我就知道房租要涨了。我很幸运，住在布鲁克林相对不怎么时髦的地区，在这儿住的时间长了自然就知道像这种装饰性的面部毛发还是很少见的。在威廉斯堡，大街上到处是蓄着大胡须的酷爸和刺着文身的摇滚辣妈。这个级别的酷一直和我无缘。我认为有孩子至少会把酷拉低两级，那可想而知，这些酷爸们没有孩子之前有多酷。那是相当的酷！

孩子会摆平一切

孩子是出色的矫平机。我有时会想，一位穿着橘色酷运动衫的型爸，正在我面前起范儿，可是他的孩子吐了他一身奶，那我还是蛮欣慰的。还有，一个孩子冲他的爸爸大叫："亚历克斯·奇尔顿是臭大便，我再也不要听他的歌了！"然后摔了他的黑胶唱片——想想就开心。

如果你爸爸都这么酷了，你还有什么好反叛的呢？或许最终能让我心理平衡的想法是：像我这样逊得一塌糊涂正好给孩子做陪衬，她长大后才会自己去发现那些酷东西。这不正是育儿的真谛吗？

---

① 萨尔瓦多·达利（Salvador Dalí），西班牙著名的超现实主义画家，留着乖张、超现实的小胡子。——译者注

你的朋友知道你有孩子吗？

有的朋友不会关注到你到底有没有孩子，怎样才能知道他们是否了解实情呢？

★ "**家里人怎么样？**"这就表明他已不记得你有几个孩子或者有没有孩子。

★ "**宝宝怎么样？**"这人根本不知道你家孩子已经 10 岁了。10 年过去了，他都没留意孩子在慢慢长大。

★ "**孩子怎么样？她现在上……四年级？**"嗯，好吧，哥们儿，冷静点。别这么关心我家孩子，好吗？

大吼游乐场里的熊孩子

我觉得这样做没问题，但这不是普遍公认的看法，有些人往往会选择对其他孩子的捣蛋行为视若无睹。但是这种拒绝干预的做法最终会有什么样的后果？

不要动手打别的孩子

动手是绝对不可以的。你要是动手去抓别人的孩子，那孩子的家长是绝对不会谅解你的。别动手！除非那个孩子在对别人拳打脚踢。

当然，我不是让你去干预什么犯罪过程，而是要告诉那个想霸占滑梯的孩子，别挡着滑梯不让别的小朋友玩。或是让那个小无赖不要在你家孩子的粉笔彩虹旁边一遍一遍地乱画。如果有个陌生男子去和他们理论，大多数小孩子都会害怕。我不是想恐吓他们，只是我猜可能还从来没有人对这帮小兔崽子们说过"不"字，也没人招惹他们。我寻思，我其实在帮他们的忙。"不"字从现在开始。

如果其他家长对我发飙怎么办？

如果你拒绝去和别的孩子理论是因为担心他爸妈会对你发飙，那么我可以告诉你，如果那位家长当着一群孩子的面冲你大吼，他不值得你尊重。随便他！像你这样公正，又不乏帅气的爸爸给他们点指导意见，走到哪儿都是受欢迎的。

但是，有时你可能会遇到那种特别目中无人的孩子，简直就像个小恶魔，他们什么都不在乎。遇到这种情况我会格外小心。最好还是明哲保身，在游乐场重新找个地方去玩吧。

128

男人与孩子的对决

第 七 章

男人
与
大孩子

大孩子，小人物

这个小人物是谁？

你还记得曾经连玩几个小时的游戏也没人打扰的美妙时光吗？还记得你冲着旧窗户里面扔石子的情景吗？还记得你骑着摩托车从一块大石头上冲下来差点摔断脖子吗？

此刻，你的孩子也进入了这个阶段，你自己的童年记忆越来越清晰，孩子面临的那些挑战正是你记忆中经历过的：用哪张午餐桌吃饭，作业怎么能蒙混过关，或者怎么让别人喜欢自己，这个阶段就是大孩子阶段。

你家的大孩子已经有了真正的朋友——而非你挑选的朋友。她会听很蹩脚的音乐，看没档次的电视节目，穿没有品位的衣服，她还需要零用钱。还有……她会上网了。

你以前就知道孩子终会长大成人，成为她自己，可是，你还是觉得有些奇怪。

有一天，我去接我闺女放学的时候看见她在全神贯注地看一本书。我们一路走回家，她几乎都没有抬头。"今天在学校怎么样？"我问道。"还好。"她回答，可她根本就没听我说话。她正忙着边走边看书。这可是件新鲜事，她边走路边看书的样子不禁让人惊叹孩子都长这么大了。

就在几年前，这个小家伙还不会走路，也不识字，而她现在已经会无视你了，真是不可思议。

和大孩子待在一起，即使她无视你，你心里也会有种说不出的满足感。就如同一只雏鸟对妈妈说"我可以的"，然后跌跌撞撞地飞出鸟巢。

育儿的隐性恐惧：听孩子讲无聊的事

我小时候一回家，就会给我妈妈念《银河系漫游指南》里的章节。还逼她听《龙与地下城》里面人物的来龙去脉，还有《三人行》里面的滑稽桥段。没错，我小时候就是这么酷。

其实我就是想说，孩子还不会讲故事。他们刚刚掌握了说话的技能，即使她对某个事情产生了浓厚的兴趣，但还没有掌握叙事技巧，不懂如何让故事生动有趣。

男孩女孩都无聊

一般情况下，女孩的无聊故事不是关于动物的，就是关于公主的。而男孩的无聊故事都和火车或者汽车相关。这样说有一些一概而论，但实际上确实如此。不要怪故事人物，要怪就怪讲故事的人讲得太乏味。

我听了不少我女儿讲她在《动物果酱》里建的巢穴。这是一款在线游戏，你可以选一种动物，也可以装饰你的巢穴。我女儿会用各种物件来布置她的窝，好像还有敌人什么的。我记不清了，因为太没意思了。

孩子就像是你最讨厌的同事

孩子喜欢讲他们那些无聊的故事是因为他们内心充满热情，只是还没有自知之明罢了；要是不那么烦人，应该还挺可爱的。你不想扼杀孩子对某个事物的兴趣，但如果你摊上这样一位同事，你就会选择在家办公。孩子应该是充满热情的，那样子很惹人爱。这点你可要记住了，可别到时候捂着耳朵喊："够了！"

也许听无聊的故事 = 爱

面带微笑点点头，然后时不时地附和一声"哦……啊哈"，假装在聆听，这样做其实也没有那么难。也许这正说明了爱。想一想当你老了，你会给耳背的老伴反反复复讲同一个无聊的故事，难道你不希望她面带微笑点点头，然后说"哦……啊哈"？

似听非听是爸爸们的光荣传统。如果我认真听，往往会发现问题，然后为难我女儿，这样才算没白听。比如，在《动物果酱》里，你可以当老虎，养一只宠物猫。啊？这好像不公平吧？但我猜有些动物比其他动物更平等[1]。

因此，要时不时地投入一会儿，至少可以收集些信息来捉弄捉弄孩子。

---

[1] 源自英国作家乔治·奥威尔的寓言小说《动物庄园》（Animal Farm）中的一句：所有动物一律平等，但有些动物比其他动物更平等。——编者注

你变成了你的父母

唉，你还记得以前你爸爸一遍一遍地对你说同一件事吗？还有你妈妈不断提醒你已经知道的事情，然后你喊："我——知道——啦！"

他们唠叨，你不理睬，然后该干吗还是干吗。唉，他们真够烦人的！是啊，现在你就是这样。

现在你变成了你的父母。刚开始意识到这一点时，也许你会很不是滋味。你正在教训孩子的时候，自我意识突然冒出来，你听见自己说着你父母曾经说过的那些话，连说话方式都没变。然后，你会迫切地告诉自己："闭嘴！"可是这时已经来不及了。

你会像你父母一样唠叨

也许，最烦人的说话方式就是针对同一个观点喋喋不休地说来说去，而现在你就有了这样的生理特性。如果说的是有用的信息也算是"唠叨"吗？是的，是唠叨。

你反复说是因为你忘了你已经说过了

你父母说你们家以前的一个邻居的妈妈要搬到佛罗里达，你压根就不记得她，可你还要听他们说，这难道不烦人吗？而且你已经似听非听地听了一遍，是不是更烦了？

总之，你父母说你们家以前的一个邻居的妈妈要搬到佛罗里达，你压根就不记得她，可你还要听他们说，这难道不烦人吗？而且你已经似听非听地听了一遍，是不是更烦了？

嗯，是啊，报复真可怕。当爸当妈就会逼得你脑子烂掉，忘了自己已经告诉过孩子星期二他们要去上课外辅导，因为有一位他们不认识的邻居想让你在 4 点半帮忙给搬家公司的人开门。他们知道。

你总是说"小心点"

每次我给孩子说小心点的时候，基本上都是脱口而出。我知道这没什么用，也没什么必要。可他们还是宝宝的时候，总会跌倒，要么就是撞到什么东西上，所以想克服这个习惯很难。当然了，一旦他们长大成了大孩子，就根本不会听你的警告。

你总是"提醒"

提醒是一种低级、带点消极抗议意味的唠叨，你会"提醒"孩子把作业本放进书包里，或者"提醒"她去刷牙。孩子一眼就看穿了这些"温馨提示"。

你会说同样的蠢话

也许最糟糕的是，你发现你会原封不动地重复你父母曾经爱说的那些话。感觉好像是他们把什么变态的"短语染色体"遗传给了你，让你无可奈何，躲也躲不开：

★ "下来。"
★ "把那玩意儿关了。"
★ "我们今天得出门。"
★ "我要出去办事。"
★ "吃晚饭了。"

- ★ "礼貌一点该怎么说？"
- ★ "那个是晚饭。"
- ★ "厨房下班了。"
- ★ "小菜一碟。"
- ★ "回家回，打锣锤。"
- ★ "我说了'不行'。"

但愿你家孩子会比你听父母的话。否则，你的整个育儿经历将会十分沮丧。

零花钱：孩子就这样学会了浪费金钱

你家孩子总得学着花钱，这就是给零花钱的目的。最理想的情况是，孩子随身带点零花钱，可以买个贴纸什么的，然后把剩下的钱存起来。不久之后，你们家就出了个小沃伦·巴菲特或《鲨鱼坦克》里的儿童创业投资人。听起来不错吧？如果真是这样就好了。

给零花钱能教会他们什么？

专家提议

老实说，我并不富有——除非你说的是才华。这些年来我一直不务正业，所以我要是能生一个有经济头脑的小富翁施以援手，岂不美哉？于是，我研读了很多关于零钱的文章想取取经。其中有一本书建议将零钱存放在三个罐子：

1. 花钱罐

2. 存钱罐

3. 捐钱罐

我猜想花钱罐里的钱是用来花的，存钱罐是用来存钱的，最后一个捐钱罐是用来捐钱的。抱歉，我还专门解释了一下这几个罐子。真是多此一举。

不管怎样，这个想法不错，鼓励孩子花钱、存钱和捐钱并重。

有的孩子像松鼠，有的就……

有的孩子很奇怪，就像我老婆小的时候：把每个 5 分钱都认认真真地放进她的小猪存钱罐，一直存到满满的一大罐，然后等她哥哥全给"借走"。哦，好吧。

但我女儿从来都不会存钱。她是那种只要有钱就立马胡乱花掉的主儿。用 1.37 美元随便买点什么都好，她就喜欢这样。可用这点钱，买不到什么好玩意儿。先是浪费 50 美分从杂货店外的售卖机买一个破钥匙链，再用 87 美分买一个我们都不让她在家玩的弹力球，我还额外垫了 13 美分和税金。

这算什么，解数学题啊？关键是——她真不会花钱。

存钱无止境

我们试着说服女儿把钱存起来："你不是想要一个'美国女孩'娃娃吗？很好啊，那个要 60 美元，所以你只要把 2 美元的零钱存起来，存上30 天，你就……嗯，攒够……钱了。"

可就算她存了点钱买个什么东西，基本上也是浪费：她从来都不玩她自己买的玩具。如果有电视看那就更加不会。"美国女孩"娃娃最终也成了那可怜玩具俱乐部的一员，被她冷落在一边。

要不然，她就把她的零钱换成了奇奇怪怪的网上货币，比如她最喜欢的网络游戏《动物果酱》里的"宝石"。她会存上 8 美元买 6000 个宝石和一块"奖励钻石"。

空降大笔资助金

有时候，我女儿会有"巨款"入账。过圣诞节时，她爷爷给了她 40 美元！这就好比是我们的 600 美元。她乐疯了，赶忙盘算着能买些什么东西。

可这又能带给她什么呢？除了教会她走运的乐趣，最好去买彩票豪赌一把，争取"志在必得"，接着搬到拉斯维加斯，找一个阔干爹，然后很不情愿地一年看我一次，只因为她老家里的东西"又小又可怜"。还是算了吧！

想禁止别人给她大笔零花钱几乎是不可能的，也许到头来，她只有经历过胡乱花钱，才能明白金钱还不如朋友圈被赞或转发来得重要。

不再陪孩子玩，让无聊催生出创造力

家长们是顶着很大的压力去陪孩子玩的。科学研究表明，陪孩子玩耍对孩子的早期发育至关重要。因此，新好爸爸会陪孩子一起玩。

但这活儿真是累人啊！

一定程度的善意忽视对孩子是有好处的，对吧？尤其是她现在已经长大了，是个大孩子了。

孩子大了可以自己玩自己的

小宝宝喜欢让人抱起来，你很乐意效劳。低龄宝宝必须有人时刻盯着，避免发生事故。幼儿喜欢让你陪他们玩。可现在你家孩子已经是大孩子了，这个陪玩就成了可选项。之前，你偶尔也会看到她一个人安安静静地玩或看书。呀，完了！她现在可以自己做自己的事情了。

无聊是种工具

在你小时候，是什么最终驱使你去做了那个危险的自制弹弓？就是无聊。俗话说，无聊乃发明之母。让孩子无聊到去发现自己的创造力，这可是你的功劳。在不久的将来，他再也不会有片刻的闲暇时间，这都要归功于朋友圈的点赞功能。而现在，趁着他还有宝贵的自由支配时间，有完全开放、毫无计划的时间，就让他去好好琢磨琢磨怎么玩吧。

重新找回"休息"

我从来都不是球迷，因此也就无缘参与一项允许爸爸们不理孩子的活动：看比赛。不过，我女儿现在已经是个大孩子了，我也会不理她，改去享受我的老一套：休息放松。我从来都没把休息放松视为一种活动，直到有了孩子，直到没有了它。带着宝宝或小小孩是很难休息放松的。可当他们长成了大孩子后，休息放松就变成了一种既省钱又易操作的活动，不需要找人看护孩子，也不需要做什么计划。也许我不能出去干点什么，但我可以不出去，不干什么。换句话说，我可以休息。

如果要我陪玩，那就去做家务

你可能会发现孩子无聊后会不停地说："我好无聊，我好无聊。"没完没了，说的你差一点都想陪她玩，好让她闭嘴。千万别！孩子无聊"想做点什么"，你就给她安排家务活儿来好好治一治她这种不会自己玩的毛病。威胁她去刷浴缸铁定能治好她的无聊。

我的亲身经历：黑盒子

孩子小的时候什么都会告诉你，有什么稀奇古怪的想法都会竹筒倒豆子般说给你听："爸爸，有些猫会说话，还会唱歌。"她会把事情用奇妙的方式拼凑在一起，但她会跟你分享那份神秘。

可大孩子呢？她就像一个黑盒子，里面装满了神秘的未知。你看她在思考什么，可到底是什么呢？有时候，会是一些孩童的事，但有时候，会是一些深刻的思考。原来她的内心世界是那么丰富，但那是属于她自己的，不属于你。

小小孩和大孩子不同。如果一个小小孩哭，很可能是因为她没有吃到甜点。可如果一个大孩子哭，那就有可能是因为她突然意识到自己不能长生不老，也可能是因为订的书星期二才能到。当她凝视远方的时候，可能是在思考：如果我们每个人的想法都不同，我们怎么可能实现真正的平静和理解，但也有可能她是想……放屁。

多年来你已经习惯了去琢磨他们怎么了，去了解和靠近他们的内心世界。如果你家孩子不高兴了，你想知道为什么。开始会是因为想喝奶了，后来是因为犯错了，再后来就是因为"我再也不想吃意大利面了"，而现在是因为……无聊？学校里有同学欺负她？感觉不合群？谁知道呢。

而且，她的感觉一片混乱。几年前，我继父去世了。有一段时间他的身体每况愈下，但我很少给我女儿说什么。我不知道她会有什么样的反应。后来我告诉了她，她很伤心，紧紧地抱着我。磨蹭了一会儿之后，她问我："我可以玩电子设备了吗？"她可是那种让她穿袜子都可能会哭的女孩啊！她竟然没哭，也没下文了。每每这种时候，我都会感觉孩子就像是冷漠无情的反社会分子。

然而过了几周，她的朋友不小心撞倒了她的海猴，她号啕大哭，恳请谁能救救它。这完全不成比例啊！其实所有的情绪都藏在表面下的某个地方。

今年，有一次我们去参加展览，主办方要求大家写些东西挂在丝带上遥寄给某个人。于是，她就写了一些秘密的想法绑在了丝带上。我老婆偷偷瞥了一眼，上面写着"我想你，爸爸"。这是从何说起啊？

你永远也不知道什么会让他们动容，什么会影响他们。死亡，家里的遭遇，友谊……这些都是她内心里的东西，有可能不会跟你分享。

就这样，孩子慢慢长大，寻找自己的道路，成为少男少女，锁起房门，然后走进这个世界。就这样，孩子慢慢变得坚忍克己，变得羞怯腼腆抑或神神秘秘。你的任务是帮他们整理好行装，助他们踏上自己的人生道路。

家庭作业：让"家"变成作业

回想孩童时期，除了敲脑门，你的头号烦恼可能就是写家庭作业了。现如今，孩子很早就开始有家庭作业了，有的从幼儿园就开始了。我记得我在幼儿园唯一的家庭作业就是做个超级可爱的宝宝。

孩子的作业量逐年缓慢递增。小小孩一开始倒挺喜欢写作业的，因为这让他们感觉像大孩子。看到小小孩写作业激动的那个劲儿真替他们难过，因为我知道接下来等待他们的将会是什么。当大孩子就是追逐名望的第一步，意味着你要收起你的海盗剑和魔术棒，努力爬到中层。

但家庭作业在所难免，而且只会越来越多。

家庭作业不是让你做的

每个当爸爸的都明白不应该替孩子做作业。但也不是说，就让孩子自己去"做作业"。你的任务是监督但不帮忙。你怎么能帮忙呢？你应该坐到孩子旁边，眼睁睁看着她搞砸。我想犯错误是孩子学习的方式。

显然，这种做法就是"用错误来教训"孩子。也就是说，孩子最终不得不为自己和自己的错误负责。她先是搞砸数学作业，和不靠谱的家伙早恋，接着搬去很远的地方，入邪教，抢银行，然后在你临终前她回来向你道歉，说她已经"吸取了教训"。想想还是算了吧。

我觉你得帮她们，不过是帮一点。

还是给你妈妈唱大戏吧

我常常幻想着：自己坐在餐桌旁，悠然地查阅着邮件或看着报纸，孩子就在一旁算她的难题。"我会解了！"突然她大声喊道，嘴角露出得意的笑，然后又投入到另一道难题中。解决难题会让人有满足感，不是吗?

可现实中，是我老婆辅导孩子的作业。因为我不爱看孩子唱大戏。一般写作业期间她会上演各种戏码，我可受不了。所以只好逃避责任，推给老婆去应付。

可是，我女儿是个牢骚大师，头号磨蹭鬼，整天白日做梦。要么发牢骚、拖延，要么就把铅笔滚来滚去直到滚到桌子底下，要么就盯着远处发呆，然后继续发牢骚。应付这些我真不在行。

时间是一个构想

老师们给我女儿布置了一大堆作业，感觉根本不可能在一天内完成。每天要阅读 45 分钟，做 10 分钟的数学卷子，还有 2 页阅读理解，要求在放学后到饭前的这段时间完成。可这段时间正好是屏幕时间呐!

课外辅导来解围

课外辅导用来对付辅导作业的各种煎熬再合适不过了，把这烫手的山芋扔给别人，让他们去想办法。大多数的辅导课都会有好玩的环节，还留了时间写作业。大家一起写作业，这很有意思。孩子可能回家前就把作业写完了。除了没有作业，写完作业对于家长而言便是最容易应付的功课了。

如何弄清楚今天在学校到底怎么样

"今天在学校怎么样?"

"还好。"

"今天学校有什么事吗？"

"没有。"

"你们几个今天在学校玩什么好玩的了？"

"我什么也不会告诉你的，科珀。在我律师来之前我什么也不会说。"

我知道你不是在拷问孩子，可是这回答算是什么啊！今天在学校肯定有事情。除非你家的是位早熟的小大人，否则想弄清楚孩子今天在学校到底干了些什么，你还真得懂点技巧。

学校还好

首先，你问的这个宽泛、愚蠢的问题就有问题。"今天在学校怎么样？"这个问题太宽太泛，很容易回答："还好。"你难道不记得学校吗？就是还好。大多数时间不好也不坏，就是还好。没什么难忘的，也没什么可以多说的。细想一想，你大多数时间过得也是还好，这已经算幸运的了。

问问他们在意的事情

我会问："夏洛特还跟你坐在一块儿吗？"或者"订的书到了吗？"当然，我肯定愿意听她告诉我："爸爸，今天实验课真是启发我，我想好好学学遗传学。"只可惜，她实际上很可能在想谁谁谁在读书的时候吐了。

有时候不问反而会得到答案

想得到答案，最好的方法不一定是发问。从学校到家里这段路程我们安静地走一会儿，比其他任何时候都能帮我了解孩子今天过得怎么样。

她需要空间来向我诉说，我发问反而会给她压力。别忘了给孩子时间听她讲。

想要答得好，就问怪问题

还是想让你家孩子开口？那试一试这些是否有用。

★ 今天在学校怎么样，真的怎么样？

★ 说一样你今天学到的东西，但是要用你们老师当时的腔调说。

★ 说一件今天逗你笑的事情。有没有这个笑话好笑：最笨的鱼是什么鱼？鲨（傻）鱼。

★ 你今天什么时候感觉最无聊？我知道，对吧？

★ 你觉得……今天在学校怎么样？

★ 课间休息你在哪儿玩得最多？哦，是，肯定了。那个地方最好了。

★ 你对你们班谁可以更好一点？哦，别对自己要求太严厉了。

★ 你们班谁最应该被罚下场？怎么回事？哇，这太过分了。我要给他们家长打电话。

★ 你们学校最酷的是哪个地方？你说我要是穿上儿童装可不可以在那儿玩？

★ 如果我给你们老师打电话——我不是说我要打电话，这只是个假设。但是如果我打了——我不会打的。哎，还是算了吧。

★ 你觉得你在学校应该多学什么？你觉得你这么想对吗？毕竟你只是个孩子。

后 记

各位，我希望这本书对你还算有用，至少可以逗你一乐。我也希望我没把它写成什么训练手册之类的是个明智之举。

现在我当爸已经十载。如果我没算错，我比我女儿刚出生时老了十岁。感觉那好像是很久很久之前的事了。而那些回忆，啊……

我还记得和她坐在那张被水彩染得五颜六色的小桌旁一起涂色——涂的可不是现在那种高级的"成人涂色本"，而是《爱探险的朵拉》。然后她会嫌我没把布茨的靴子涂成红色，冲我喊。

当然，我也记得给她朋友的妈妈发信息，问人家能不能让她和她朋友视频聊天，别扭死了，搞得我好像是网络陪护似的。我之所以记得，是因为这就是上周的事。

我是变老了，但是不是变得更智慧了呢？我想是的。做爸爸是我经历过最不可思议的事，当然这不包括我哪一天从化工事故中获得超能力，可谁知道这猴年马月才会发生。我只能试着多闯几次那家化工厂了。

从带娃中我也获得了一些启示。

★ 要孩子就一定要提前准备好，这言过其实了。

★ 当我打开自己的时候我变成了更好的自己。

★ 如果你能像孩子那样去看世界，你会发现很多美。

★ 风趣要比不风趣好玩得多。

我有时间回忆自省的也就这么多了。这么长时间我的生活一直匆匆忙忙。时间都去哪儿了？我怎么会老成这样？那家卖早午餐的餐厅还营业吗？

最近几年，我的自由慢慢一点点回来了。有时我甚至可以玩一整局手游，不用再操心孩子现在在哪儿，不用担心她从哪儿掉下来摔坏了，害得我被老婆骂。然而，我居然开始怀念孩子小时候的感觉了——其实被需要的感觉挺好。

没错，现在我女儿还是个孩子，可很快就不是了。她马上就是小少年了，接着就变成青少年，然后就会搬出去，再然后就会忘了我。各种迹象已经明摆在那儿了：她知道我的登录密码，已经学会了自己安排玩耍约会，还有，我会令她感到难堪。然而，她的字迹还在墙上，我没忍心擦，因为它会让我回忆起她小时候的样子。瞧，她把"屁"这个字写错了。唉。

一名青少年！想想都可怕，不是吗？青春期的他们是魔鬼，动不动就霸占一整节地铁车厢，然后做上 800 个引体向上出风头，整日精力充沛，浑身一股怪味。我还是喜欢小小孩。

我女儿还小的时候，我们会一起穿过几个街区走去游乐场。路上大概要花 45 分钟，因为沿路有太多有趣的东西要看。有一家人前院放了一只陶瓷青蛙，路过时我们要向它打招呼："嗨，青蛙先生！"看到地上有口香糖的纸屑，她就要捡起来。还有各种石块，她要么跳过去，要么站在上面练习平衡。

而青春期的孩子们总是急急匆匆。就算青蛙先生说："嗨，还记得我吗？"她也只是轻轻一声："什么呀？"他们正走在长大的路上。而你只希望他们能走慢点，能多陪你一会儿。

我知道我女儿内心其实还是那个小怪胎，依然乖巧有趣。不过现在她也会挖苦讽刺了，让我很意外——真不愧是我女儿。不过，她心情不好的时候还是需要拥抱。

我想即使他们到了青春期，也仍然需要爸爸，可能还尤其需要爸爸。或许最美好的日子就要来临：可以让我这个老爸好好修炼修炼，从超级土气升级成超级尴尬。

我由衷希望如此。

致　谢

　　首先，我想感谢我的家人，他们非常了不起。我女儿善良、有趣，是她打开和丰富了我的内心世界。如果没有她，写一本关于当爸爸的书就太莫名其妙了。而我的妻子，如果没有她，我能写完一本书才怪。我没能给她好好记一大功，因为如果把书名改成《男人和能干的妻子与孩子的对决》那就太恐怖了。我爱你们。这是一段奇妙的经历，能和你们一起分享我三生有幸。

　　感谢我温和又耐心的编辑丽贝卡·卡普兰，谢谢她听我为了保留某些内容的执意争辩，不过还是她说得对，那些东西最终还是被删了。感谢我的经纪人尤德·拉吉，谢谢他对我的信任以及对出版这本书的专业指导。自然，如果没有 Abrams 精良的设计和制作团队，这本书可能就乱得没法看。感谢他们让这本书变得引人入胜。

　　乔丹·伊万的插画非常棒，对吧？你们真应该看看我扔给他的那些乱七八糟的涂鸦。是他让那些垃圾变成了宝石，还为这本书注入了很多他自己温暖、有趣的想法。

　　感谢加州大学伯克利分校（UCB）各界人士对我的容忍和帮助，这么多年来凭着和他们的交情我提了不少过分的要求。特别感谢科迪·林奎斯特、蕾切尔·梅森、克里·麦圭尔、丹·霍达普、莉迪娅·亨斯勒、安·卡尔、莫莉·劳埃德、贝琪·凯普斯、杰夫·加洛克、萨拉·拉伊诺内、道恩·利比、史蒂夫·柯林斯、斯科特·莫、雪瑞夫·爱尔卡沙。

感谢我的父母，是他们成就了今天的我，并帮我把可贵的东西传授给我女儿。

最后，我想感谢天下所有的父亲母亲，尤其是那些有趣幽默的。愿你们风采依旧！